Accidental
Inventions
that changed our lives

TECTUM PUBLISHERS

"Books may well be the only true magic."

Alice Hoffmann

© 2009   Tectum Publishers
Godefriduskaai 22
2000 Antwerp
Belgium
info@tectum.be
+ 32 3 226 66 73
www.tectum.be

ISBN: 978-90-79761-30-2
WD: 2010/9021/5
(96)

Author: Birgit Krols
Design : Gunter Segers
Translations: Hilde Mortelmans (English),
Dominique Hollanders-Favart (French)

All images by Corbis,
except pages 14,15, 38, 39, 41, 99, 107,118 by Getty Images
and product images by Dreamstime & Istockphoto.

Printed in China

Content

"Accident is the name of the greatest of all inventors."

Mark Twain (1835-1910),
American author

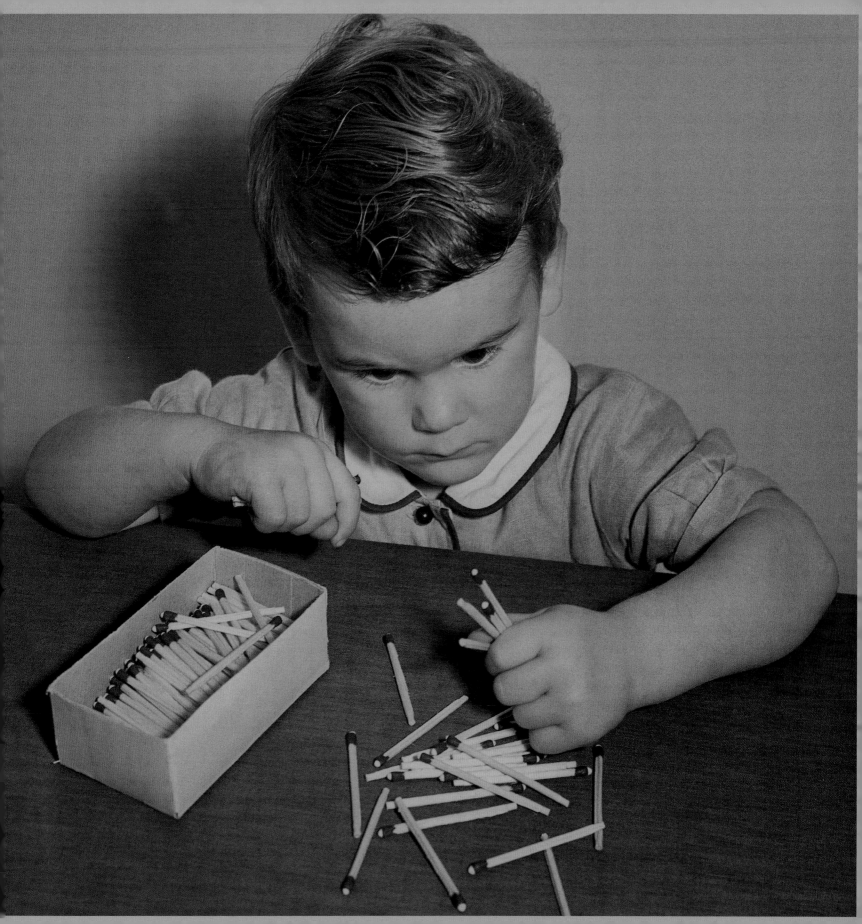

Intro

Serendipity: "Trying to find a needle in a haystack and tumbling out with a beautiful country girl."
DUTCH RESEARCHER PEK VAN ANDEL

Some ideas come naturally, many inventions are the result of serious brainwaves, most discoveries are the result of years of dedicated research and then there are those resulting from a mere fluke, through laziness, absent-mindedness or carelessness. Apparently, this happens so frequently that there is now a word for it: serendipity.
It was the Englishman Horace Walpole who, in 1754, invented the word based on the title of a Persian fairy tale, *The three princes of Serendib*. The trio embarked on a perilous journey by foot through the dessert and only survived thanks to their 'accidental' knowledge, gained by keeping their eyes open and ears cocked. Today, serendipity refers to finding something unexpected and useful when you were actually looking for something completely different. It is important that serendipity should not only involve a lucky coincidence but also cleverness and intelligence to lead to practical discoveries.
The way something was invented does not really matter in the end and the origin of an invention does not devalue its geniality. But as many stories in this book will reveal, the journey there is often amazing, hilarious, fascinating or original.

Sérendipité : "C'est chercher une aiguille dans une botte de foin et en ressortir avec une jolie paysanne."
PEK VAN ANDEL, CHERCHEUR NÉERLANDAIS

Certaines idées s'imposent d'elles-mêmes, beaucoup d'inventions sont vraiment bien réfléchies, la plupart des découvertes sont le fruit de longues années consacrées à la recherche. Et puis, il y a les trouvailles qui sont le résultat du pur hasard, de la paresse, de la distraction, de l'oubli ou de l'imprudence. Ce fait, si souvent constaté, a incité les Américains à le qualifier d'un terme propre : *serendipity*. L'Anglais Horace Walpole a imaginé le mot en 1754, d'après le titre d'un conte persan, *Les trois princes de Serendib*. Le trio dont il raconte l'histoire effectuait à pied un périlleux voyage dans le désert et ne dut sa survie qu'aux informations qu'il acquit par hasard, en gardant les yeux et les oreilles bien ouverts. De nos jours, cette "sérendipité" s'applique au fait de trouver, de manière inattendue, quelque chose d'étranger à la recherche en cours, mais dont on peut tirer parti. Outre le heureux hasard, l'une des caractéristiques de la sérendipité est la dose d'intelligence et d'astuce qu'il faut posséder pour arriver à des découvertes utilisables.

Serendipiteit: "Het zoeken naar een naald in een hooiberg en eruit rollen met een mooie boerenmeid."
NEDERLANDS ONDERZOEKER PEK VAN ANDEL

Sommige invallen zijn vanzelfsprekend, veel uitvindingen verdraaid goed bedacht, de meeste ontdekkingen het resultaat van jarenlang toegewijd onderzoek. En dan zijn er ook nog vondsten die het product zijn van stom toeval, luiheid, verstrooidheid, vergeetachtigheid of onvoorzichtigheid. Dit komt blijkbaar zo vaak voor, dat men er zelfs een woord voor bedacht heeft: serendipiteit.
De Engelsman Horace Walpole verzon het in 1754, naar de titel van een Perzisch sprookje, *De drie prinsen van Serendib*. Dit drietal maakte een hachelijke voetreis door de woestijn en overleefde puur en alleen door 'toevallige' kennis, opgedaan door ogen en oren wijd open te houden. Tegenwoordig staat serendipiteit voor het vinden van iets onverwachts en bruikbaars terwijl je op zoek bent naar iets totaal anders. Een belangrijk kenmerk van serendipiteit is dat er niet alleen sprake moet zijn van een gelukkig toeval, maar ook van slimheid en intelligentie om tot werkbare ontdekkingen te komen.
Hoe iets uitgevonden wordt, doet er uiteindelijk niet toe. En de oorsprong van uitvindingen doet geen afbreuk aan de genialiteit ervan. Maar zoals de vele verhalen in dit boek getuigen, is de weg ernaartoe soms wél verbijsterend, hilarisch, fascinerend of origineel.

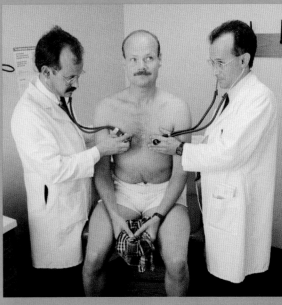

①ENTERT

LOISIRS / AMUSEMENT

AINMENT

Silly Putty

Silly Putty / Silly Putty

1944

In the early forties, James Wright wasn't entirely sure what to think of the elastic substance he obtained after mixing boric acid and silicone oil. During his search for synthetic rubber for its use in car tires, the General Electric engineer had stumbled upon a 'solid liquid' that could bounce, be torn into pieces, be stretched, transfer newspaper images and that vaporized when exposed to air for an extended period of time. Not entirely the perfect features for a car tire. What could it be used for then? In 1950, PR man Peter Hodgson found the solution when he started selling the substance wrapped in plastic eggs as children's toys; Silly Putty quickly became one of the world's first hypes. Thus far, 300 million eggs have been sold worldwide and currently, 20,000 are still selling like hot cakes every day.

Lorsque James Wright donna vie, au début des années 40, à une surprenante substance élastique après avoir mélangé de l'acide borique et de l'huile de silicone, il ne sut d'abord que penser de son invention. Ingénieur chez General Electric, à la recherche d'un caoutchouc synthétique pour les pneus de voiture, il avait en effet obtenu un "liquide compact" rebondissant, pouvant être morcelé ou étiré, et qui s'évaporait au contact de l'air. Autant de caractéristiques peu adéquates pour un pneu ! Mais que faire alors de cette découverte ? C'est le responsable en communication de la firme, Peter Hodgson, qui apporta la solution en 1949. Après avoir emballé cette pâte dans de petits œufs en plastique, il présenta le Silly Putty comme un jouet pour enfants. La marque entreprit ensuite une immense campagne de promotion qui assura une popularité internationale au concept. Aujourd'hui, ce sont près de 300 millions d'exemplaires de Silly Putty qui se sont écoulés dans le monde, et l'on évalue à 20 000 le nombre d'unités vendues encore chaque jour.

James Wright wist begin jaren 40 niet goed wat hij moest denken van het elastische goedje dat hij verkregen had door boorzuur te mengen met siliconenolie. De General Electric-ingenieur was tijdens een zoektocht naar kunstrubber voor gebruik in autobanden uitgekomen bij een 'vaste vloeistof' die stuiterde, in stukken gescheurd kon worden, uitgerokken kon worden, krantenfoto's kon kopiëren en verdampte bij langdurige blootstelling aan de lucht. Niet meteen de ideale eigenschappen van een autoband. Maar waarvoor was het spul dan wél geschikt? PR-man Peter Hodgson kwam in 1950 met dé oplossing toen hij de brij verpakt in plastic eitjes aan de man bracht als kinderspeelgoed: Silly Putty groeide prompt uit tot een van 's werelds eerste hypes. Totnogtoe werden er wereldwijd 300 miljoen stuks verkocht en op dit moment gaan er dagelijks nog altijd 20.000 over de toonbank.

Play Doh

1956

Play-Doh / Plasticine

'Could you pass me the plasticine please, there's a mark on the wall.' Believe it or not, Play-Doh was launched by soap factory Kutol Products, shortly after WWII, as a cleaning product for wallpaper. In 1955, owner Joseph McVicker gave his sister-in-law, a nursery school teacher, a piece when she told him that traditional modeling clay was too messy and solid for small children's hands. The non-toxic, washable and permanently soft clay substance was an enormous success in her classroom. A year later, the cleaning product had been relaunched as a children's toy and McVicker was a millionaire. Currently, 95 million pots of Play-Doh are still sold every year.

"Passe-moi la plasticine, il y a une tache sur le mur." Croyez-le ou non, Play-Doh fut bel et bien lancé sur le marché après la Seconde Guerre mondiale comme un produit de nettoyage pour papier peint ! Un jour, Joseph McVicker, propriétaire de la fabrique de savon Kutol Products, céda un morceau de cette matière à sa belle-sœur puéricultrice qui lui racontait que la glaise traditionnelle était sale et trop dure pour les petites mains des enfants. C'est ainsi que la pâte à modeler - non toxique, lavable et indéfiniment malléable - connut un succès immédiat auprès des élèves de sa classe. Un nouveau jouet était né ; il fut commercialisé un an plus tard. McVicker devint aussitôt millionnaire. 95 millions de pots Play-Doh s'écoulent encore chaque année.

'Geef de plasticine eens door, er zit een vlek op de muur.' Geloof het of niet, maar Play-Doh werd door zeepfabriek Kutol Products kort na WOII op de markt gebracht als schoonmaakmiddel voor behangpapier. Eigenaar Joseph McVicker gaf in '55 een stuk mee met zijn schoonzus, een kleuterjuf, toen ze hem vertelde dat traditionele boetseerklei eigenlijk te vies en hard was voor kleine kinderhandjes. De niet-giftige, uitwasbare en onder alle omstandigheden zacht blijvende kleimassa bleek een gigantisch succes in haar klas. Een jaar later werd het schoonmaakproduct opnieuw gelanceerd als kinderspeelgoed en was McVicker een miljonair. Op dit moment worden er nog altijd 95 miljoen potjes Play-doh per jaar verkocht.

13

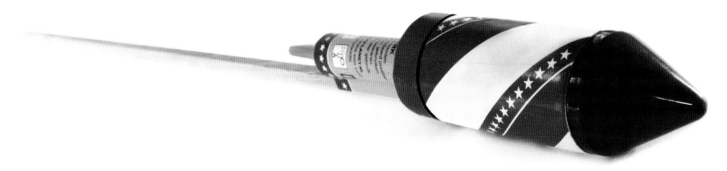

Fireworks

2000 B.C.

Feu d'artifice / Vuurwerk

According to legend, fireworks were the result of the actions of a careless Chinese army chef who lived 2,000 years ago. When he tried to spice up dinner one evening using saltpeter (then used instead of salt), he accidentally spilt some on the fire. He was surprised to see that the combination of saltpeter, charcoal and sulfur created a blue purple flame. With excitement, he spooned the mixture into a bamboo pole that once lit, exploded with a loud bang. People were petrified of the sound and started using this invention to drive away evil spirits. Later on, fireworks were used in warfare until the aesthetic aspect took precedence and it became a symbol of prosperity and luck.

Si l'on en croit la légende, nous devons les feux d'artifice à un cuisinier maladroit de l'armée chinoise qui vécut il y a environ 2 000 ans. Lorsqu'un soir, il voulut assaisonner le plat de gibier qu'il préparait à l'aide de salpêtre, il en renversa par mégarde dans le feu. À sa grande surprise, la combinaison de salpêtre, de soufre et de charbon de bois produit alors une flamme violacée. Excité par sa découverte, il versa le mélange dans une tige de bambou qui, lorsqu'il l'alluma, explosa à grand bruit. Pétrifiés par cette résonance, les habitants de la région commencèrent à utiliser cette trouvaille comme fétiche pour chasser les mauvais esprits. Plus tard, les feux d'artifice furent employés en stratégie militaire et aujourd'hui, leur dimension esthétique s'est imposée, transformant l'instrument de terreur en un symbole de fête, de bonheur et de prospérité.

Volgens een populaire legende hebben we het vuurwerk te danken aan een nonchalante Chinese legerkok die zo'n 2.000 jaar geleden leefde. Toen hij op een avond een gerecht op smaak wilde brengen met behulp van salpeter (toen gebruikt in plaats van zout), morste hij daar wat van in het vuur. Tot zijn grote verbazing deed de combinatie van salpeter, houtskool en zwavel een blauw purperen vlam ontstaan. Opgewonden lepelde hij het mengsel in een bamboebuis, die, eenmaal aangestoken, met een luide knal ontplofte. De mensen vonden het geluid zo angstaanjagend dat ze deze uitvinding gingen gebruiken om kwade geesten te verjagen. Nog later werd vuurwerk gebruikt voor oorlogsvoering, tot de esthetiek ging primeren en het een symbool werd van voorspoed en geluk.

Roller skates

Patins à roulettes / Rolschaats

1760

Roller skates made their first appearance in a rather 'awkward' manner at a London fancy dress ball. When Belgian instrument maker Joseph Merlin tried to steal the show in an outfit finished with a violin and self-made shoes on metal wheels, he managed to give himself a spectacular introduction rolling in whilst playing. As he hadn't entirely worked out how to keep his balance or change direction, his grand entrance was soon disrupted when he ran into a wall-to-wall mirror. His example was only followed towards the end of the next century when new techniques were being invented to make the rolling shoe maneuverable. Roller skates evolved from a pleasurable pastime in the 19th century to an Olympic sport in the late 20th century.

Les patins à roulettes firent une entrée plutôt remarquée lors d'un bal costumé londonien... Tentant d'attirer l'attention lors de la fête, Joseph Merlin, un fabricant belge d'instruments de musique, s'élança sur la piste équipé d'un violon et de souliers à roulettes de sa fabrication. Après un prologue magistral - jouant tout en roulant -, il ne tarda pas à perdre l'équilibre puis à s'écraser contre un miroir décorant la salle, sous le regard médusé des convives. Ce n'est qu'au siècle suivant que son idée fut reprise, lorsque de nouvelles techniques permirent de rendre maîtrisable un soulier monté sur roulettes. Par la suite, la pratique du patin à roulettes devint un passe-temps apprécié, avant de s'imposer comme un sport à la fin du XXᵉ siècle.

De rolschaats maakte op behoorlijk 'ongelukkige' wijze haar debuut op een Londens gekostumeerd bal. Toen de Belgische instrumentenmaker Joseph Merlin de show probeerde te stelen in een *outfit* die afgewerkt werd met een viool en zelfgefabriceerde schoenen op metalen wieltjes, slaagde hij er al spelend en rollend in om een bijzonder spectaculaire entree te maken. Maar omdat hij niet wist hoe hij zijn evenwicht moest bewaren of van richting kon veranderen, was zijn gloriemoment snel voorbij toen hij vervolgens een kamerbrede spiegel ramde. Zijn voorbeeld kreeg pas ver in de volgende eeuw navolging toen men manieren begon te bedenken om de rollende schoen wendbaar te maken. Rolschaatsen evolueerde van een plezierig tijdverdrijf in de 19de eeuw tot een Olympische sport op het eind van de 20ste eeuw.

Teddy Bear

Teddy bear / Teddybeer

1902

The teddy bear owes his name to a failed bear hunt. In 1902, president Theodore 'Teddy' Roosevelt was invited to a hunting party, that after three long and frustrating days ended when he refused to shoot an old and wounded bear that was tied down. When Morris Michtomis saw a cartoon about this incident, the idea occurred to him to make a stuffed bear, call him 'Teddy' and place him in his toy shop window as a billboard. People immediately swarmed the shop to buy the bear. When he asked Roosevelt in a letter if he had permission to use the name 'Teddy', he answered: "I don't think my name will mean much to the bear business, but you're welcome to it!" He was clearly wrong when the 'teddy bear' became known all over the world, assisted by the launch of Steiff bears in the same period.

Le Teddy bear est la conséquence d'une chasse à l'ours avortée datant de 1902. Cette année-là, le président américain Theodore "Teddy" Roosevelt fut invité à une partie de chasse. Après trois journées d'une battue particulièrement décevante, ce dernier refusa de tirer sur un vieil ours blessé et maintenu à terre, renonçant à l'unique occasion de briller. Une caricature rejouant l'incident souffla l'idée à Morris Michtomis de fabriquer un ours en peluche du nom de "Teddy" et de le placer en vitrine de son magasin de jouets. La boutique, aussitôt assaillie, fut victime du succès de ce drôle d'animal qui reçut la bénédiction de Roosevelt : "Je ne crois pas que mon nom aura beaucoup d'influence sur le commerce de vos ours, mais je n'y vois aucune opposition." Il fut bientôt prouvé que le président américain manqua alors tout autant de jugement que de chance à la chasse : le Teddy bear conquit le monde entier, aux côtés des ours en peluche de la prestigieuse marque Steiff lancés au même moment.

De teddybeer dankt zijn naam aan een mislukte berenjacht. President Theodore 'Teddy' Roosevelt was in 1902 uitgenodigd op een jachtpartij, die na drie frustrerend lange dagen eindigde in zijn weigering om een oude, gewonde en vastgebonden beer af te schieten. Een spotprent over dit incident bracht Morris Michtomis op het idee om een pluchen beer te naaien, hem 'Teddy' te dopen en hem bij wijze van reclame in de etalage van zijn speelgoedwinkel te zetten. Meteen werd hij belegerd door mensen die de beer wilden kopen. Toen hij Roosevelt in een brief vroeg of hij de naam 'Teddy' wel mocht gebruiken, antwoordde die: "Ik denk niet dat mijn naam veel zal betekenen in de berenindustrie, maar ga je gang." Zijn ongelijk werd bewezen toen de 'teddybeer' wereldwijde bekendheid verwierf, hierbij geholpen door de lancering van de Steiff-beren in diezelfde periode.

Piggy Bank

Cochon-tirelire / Spaarvarken

± 1900

Squirrels collect nuts. Dogs bury bones. Camels store enormous supplies of food and drink in their humps. Pigs don't do any of the above. They are not interested in collecting, burying or storing. So why do we keep our money in a piggy bank? The history of this gadget dates back to the 15th century when pots were made of a cheap orange clay, also called 'pygg' in Middle English. In those days, money was saved in one of those pots, the so-called 'piggy' bank. Hundreds of years later, everyone had forgotten that 'pygg' referred to the material and when an English potter was asked to make 'piggy banks', he produced pots in the shape of pigs - much to the delight of children.

Les écureuils collectent les noix ; les chiens enterrent les os ; les chameaux conservent liquide et nourriture à l'intérieur de leurs bosses. Quant aux cochons, ils ne font rien de tout cela ; amasser, enterrer et préserver ne les intéresse guère. Alors pourquoi donc avons-nous choisi cet animal comme symbole de la tirelire, où l'on conserve précieusement son argent ? Cette tradition remonte au XVe siècle, à une époque où les poteries étaient faites d'une argile orangée bon marché baptisée *pygg* en vieil anglais. Des décennies plus tard, le monde avait oublié cette signification première, et lorsqu'il fut demandé à un potier anglais de produire des *piggy banks*, ce dernier donna littéralement à sa création la forme d'un cochon - pour notre plus grand plaisir !

Eekhoorns verzamelen noten. Honden begraven botten. Kamelen slaan hele voorraden voedsel en drank op in hun bulten. Varkens doen niks van dit alles. Ze zijn niet geïnteresseerd in verzamelen, begraven of bewaren. Waarom stoppen wij onze centen dan toch uitgerekend in een spaarvarken? De geschiedenis van dit hebbeding gaat terug tot de 15e eeuw, toen potten gemaakt werden van een goedkope oranje klei, in oud Engels ook wel 'pygg' genoemd. Spaarcenten werden in die tijd bewaard in een van deze potten, de zogenaamde 'piggy' bank. Honderden jaren later was iedereen vergeten dat 'pygg' verwees naar het materiaal en toen een Engelse pottenbakker het verzoek kreeg om 'piggy banks' te maken, produceerde hij potten in de vorm van een varken - tot groot jolijt van kinderen wereldwijd.

"It is better to be lucky than smart."

American proverb

Slinky

1943

Ondamania / Slinky

The first word that escaped naval engineer Richard James' mouth in 1943 when he dropped a spring that kept 'stepping' away from him was probably slightly stronger than 'eureka'. Luckily he was able to see the joke of it and was struck by the idea of making it into a toy. Whilst he fine-tuned the spring, looking for the best metal and ideal measurements, his wife Betty came up with the name. Although the couple initially had doubts about the Slinky, it became an instant hit during the Christmas period of 1945. In the next 60 years, 300 million Slinkies were sold and even today, children still don't get tired of watching the spring move effortlessly down the stairs.

Un juron échappa sans doute à l'ingénieur américain Richard James lorsqu'il laissa tomber un ressort à boudin qui continua sa course devant lui. Heureusement, en ce jour de 1943, le scientifique saisit vite la drôlerie de sa découverte et s'en inspira aussitôt pour créer un jouet en forme de ressort. Tandis qu'il recherchait le métal et les dimensions les plus adaptées pour sa création, sa femme Betty la baptisa *Slinky*, bien qu'elle soit davantage connue en France sous le nom de "Ondamania". Malgré les doutes du couple quant à la pertinence de leur invention, le *Slinky* connut un très fort engouement lors des fêtes de Noël de 1945. Depuis, ce sont 300 millions d'exemplaires de cet objet insolite et attachant qui se sont écoulés, parvenant toujours à renouveler l'attention des enfants grâce à son déplacement harmonieux et régulier.

Het eerste woord dat aan de mond van marine-ingenieur Richard James ontstnapte toen hij in 1943 een springveer liet vallen die maar van hem weg blééf 'lopen', was wellicht iets krachtiger dan 'eureka'. Gelukkig zag hij er de humor snel van in en bracht het hem zelfs op het idee voor een speeltje. Terwijl hij op zoek ging naar het beste metaal en de ideale afmetingen van de spiraal, verzon zijn vrouw Betty de naam. Ondanks de aanvankelijke twijfels van het echtpaar werd de Slinky een instant hit tijdens de kerstperiode van '45. In de daaropvolgende 60 jaar werden er 300 miljoen stuks verkocht, en nog altijd zijn kinderen niet uitgekeken op de veer die van trappen kan lopen alsof het niks is.

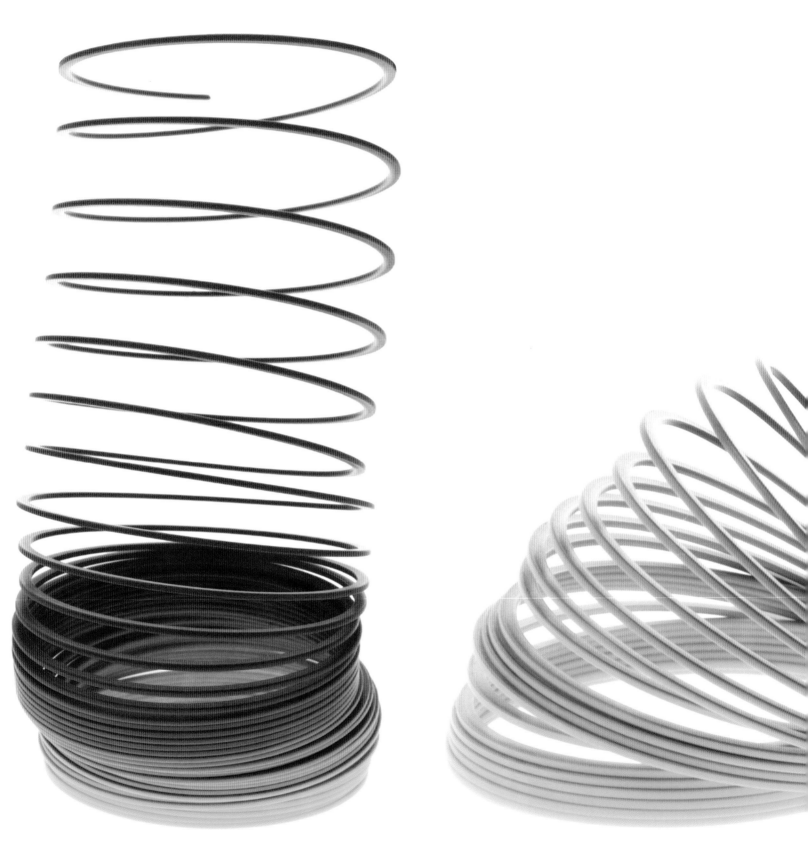

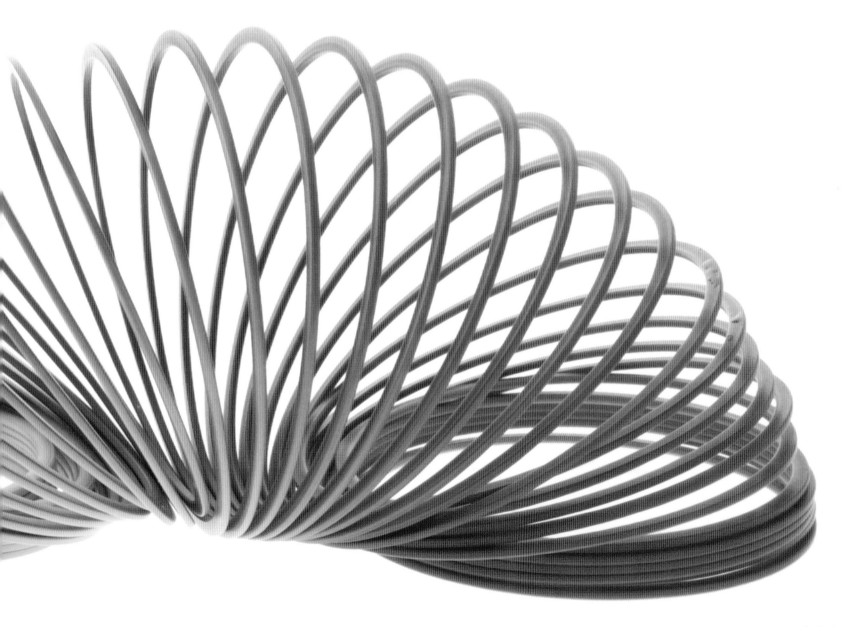

Frisbee

1871

Frisbee / Frisbee

The world-famous Frisbie Baking Company in Connecticut is strangely enough not famous for its quality pies but rather for its pie tins. Shortly after the company was founded in 1871, students in New England realized that the aluminum pie tins, which had the name Frisbie embossed in them, would fly miles through the air, offering hours of entertainment. In 1948, Walter Morrison launched the Flying-Saucer, the first commercial flying disk. The real success came in 1957, when Wham-O brought a later model on the market under the 'original' name Frisbee. Frisbee has since developed from a pleasant pastime to a serious sport.

Assez curieusement, la notoriété mondiale de la Frisbie Baking Company n'a que peu à voir avec la qualité des tartes qu'elle produit. Sa gloire, elle la doit aux moules utilisés, sur lesquels apparaissait en relief la marque Frisbie. En effet, peu après la naissance de l'entreprise en 1871, les étudiants de la Nouvelle-Angleterre prirent l'habitude de se distraire en lançant à plusieurs mètres de hauteur cette forme d'aluminium assimilable à un disque volant. Après une première version peu convaincante initiée en 1948 par Walter Morrison, la société Wham-O en sortit un nouveau modèle en 1957 sous l'appellation "Frisbee" : celui-ci devint alors un objet de divertissement très couru. Depuis, le Frisbee a traversé les générations, donnant même naissance à une discipline sportive à part entière : l'*Ultimate*.

De wereldwijde bekendheid van de Frisbie Baking Company uit Connecticut heeft vreemd genoeg niks te maken met de kwaliteit van hun taarten, maar is volledig te danken aan de door hen gebruikte bakvormen. Niet lang na het ontstaan van het bedrijf in 1871 kwamen de studenten in New England er immers achter dat de aluminium bakvormen, waarop de naam Frisbie in reliëf te lezen stond, méters ver door de lucht gezwierd konden worden, wat goed was voor urenlang vertier. In 1948 bracht Walter Morrison met de Flying-Saucer een eerste commerciële versie uit, maar de vliegende schijf werd pas een succes toen Wham-O in '57 een later model uitbracht onder de 'oorspronkelijke' naam Frisbee. Intussen is frisbee van amusant tijdverdrijf geëvolueerd tot een heuse sport.

Hot Air Balloon

Montgolfière / Heteluchtballon

1783

If we are to believe the legend, it was a petticoat that gave the onset to conquer the air. Jacques Montgolfier allegedly became inspired when he saw how his wife's petticoat ballooned and slightly lifted up due to the warm air when it was hanging above a fire to dry. Together with his brother Joseph, he started to experiment and in June 1783, they launched the first fabric bag using a pan of smoldering charcoal. Only five months later, on 21 November 1783, Jean François Pilatre de Rozier and François Laurnet became the first air heroes when they took off on a 25 minute balloon ride above Paris.

À en croire la légende, un simple jupon serait à l'origine de la conquête des airs. Ainsi, on raconte que Jacques Montgolfier, industriel français, aurait un jour imaginé le concept de la montgolfière en voyant le jupon de sa femme se gonfler au-dessus d'un feu, puis s'élever. Épaulé par son frère Joseph, il entreprit alors des recherches. En juin 1783, les deux entrepreneurs envoyèrent dans les airs un premier sac en tissu surplombant un récipient dans lequel du charbon de bois se consumait doucement. Cinq mois plus tard, le 21 novembre de la même année, Jean-François Pilâtre de Rozier et François Laurnet devinrent les héros du premier vol en montgolfière, parcourant le ciel de Paris à bord d'un ballon pendant plus de 25 minutes.

Als we de legende mogen geloven, was het een petticoat die de eerste aanzet gaf tot de verovering van het luchtruim. Jacques Montgolfier zou het idee voor de heteluchtballon gekregen hebben toen hij zag hoe een onderrok die zijn vrouw boven een vuurtje te drogen had gehangen, door de warme lucht bol geblazen werd en vervolgens een eindje opsteeg. Samen met zijn broer Joseph begon hij erop los te experimenteren en in juni 1783 stuurden ze een eerste stoffen zak de lucht in met behulp van een pan smeulende houtskool. Amper vijf maanden later, op 21 november 1783, werden Jean François Pilatre de Rozier en François Laurnet de eerste helden van het luchtruim dankzij een 25 minuten durende ballonvlucht over Parijs.

Roulette

Roulette / Roulette

Some historians believe that roulette has its origins in Tibet, others argue that they are embedded in Ancient Rome. In reality, there is no certainty on how the game came into existence, however, the person associated with this most, is the French mathematician Blaise Pascal. In 1655, he would apparently have discovered the roulette wheel by accident in his search for a *perpetual motion machine*. When he didn't succeed, one of his colleagues would have proposed to turn his design into a game of chance. If this is true, it was a masterstroke: roulette took over the world as 'king of casino games' and is still the most recognizable symbol for gambling worldwide.

Des historiens affirment que le jeu de la roulette trouve ses racines au Tibet, tandis que d'autres y voient un héritage de la Rome antique. En réalité, si nul ne sait avec certitude comment est né ce jeu de hasard, c'est le nom de Blaise Pascal qui revient le plus souvent lorsque l'on aborde cette question. Celui-ci aurait, sans le vouloir, inventé la roulette en 1655, alors qu'il tentait de créer une machine à mouvement perpétuel. N'y parvenant pas, il écouta l'un de ses collègues qui lui aurait alors suggéré de convertir son projet en un jeu de hasard. Un vrai coup de maître : la roulette est rapidement devenue la reine des casinos du monde entier et reste à ce jour le symbole le plus identifiable des jeux d'argent.

Sommige historici beweren dat roulette zijn wortels heeft in Tibet, volgens andere is het verankerd in het oude Rome. In werkelijkheid weet niemand zeker hoe het spel ontstaan is, maar de persoon die er het meest mee geassocieerd wordt, is de Franse rekenkundige Blaise Pascal. Hij zou het roulettewiel in 1655 naar verluidt per ongeluk hebben uitgevonden tijdens een poging om een *perpetuum mobile* te ontwikkelen. Toen hem dat niet lukte, zou een van zijn collega's het idee geopperd hebben om van zijn ontwerp een kansspel te maken. Als dat klopt, was het een meesterlijke zet: roulette veroverde als 'koning der casinospelen' de hele aardbol en is vandaag nog altijd het meest herkenbare goksymbool ter wereld.

②FOOD &

NOURRITURE & BOI

DRINKS

ONS / ETEN & DRINKEN

Popsicle

1905

Esquimau / IJslolly

That forgetfulness is able to generate something after all was proven by Frank Epperson from San Francisco. When he was 11, he mixed a drink from soda powder and water but forgot it outside on the porch, with the stirrer still in it. That night, the local temperature dropped to an all-time low and the next morning Frank was holding the world's first ice pop. At 29, he started selling his invention as 'Epsicle Ice Pops'. Two years and a name change to 'Popsicle' later, he sold his company for a fortune. The popsicle is still a favorite snack of children all over the world.

L'étourderie est parfois heureuse ; c'est ce que prouve l'étonnante histoire de Frank Epperson. Âgé de 11 ans, ce petit garçon de San Francisco se préparait une boisson fraîche à base de poudre de soda mélangée à de l'eau. Distrait, il oublia la nuit suivante sa mixture et son bâtonnet mélangeur sous la véranda, soumise à une température très basse. Au petit matin, retrouvant ses affaires, Frank prit en main le tout premier esquimau. À 29 ans, il commença à exploiter son invention sous le nom de "Epsicle Ice Pops". Il vendit deux ans plus tard sa petite entreprise à prix d'or. Rebaptisée "Popsicle", la glace à l'eau est devenue depuis l'un des plaisirs favoris des enfants du monde entier.

Dat vergeetachtigheid soms wél iets kan opleveren, bewees Frank Epperson uit San Francisco. Hij maakte op zijn 11de een frisdrankje van sodawaterpoeder met water en vergat het mengsel buiten op de veranda met het roerstokje er nog in. Die nacht zakte de temperatuur lokaal tot een recorddiepte en de volgende morgen had Frank 's werelds eerste ijslolly in handen. Op zijn 29ste begon hij zijn uitvinding aan de man te brengen als 'Epsicle Ice Pops'. Twee jaar en een naamswijziging naar 'Popsicle' later verkocht hij zijn bedrijfje voor een fortuin. Het waterijsje is nog altijd een favoriete snack van kinderen over de hele wereld.

Artificial Sweeteners

1879-1965

Edulcorants de synthèse / Artificiële zoetstoffen

The most popular artificial sweeteners in the world were all discovered as a result of scientists ignoring all health and safety rules. In 1879, German chemist Constantin Fahlberg discovered saccharin by licking an unknown substance that he had spilled on his hand; in 1937, American student Michael Sveda came across cyclamate when he lit a cigarette that tasted sweet after conducting an experiment; and in 1965, American James M. Schlatter came in contact with aspartame after licking his finger to pick up a sheet of paper.

La plupart des édulcorants consommés dans le monde sont le fruit de manipulations totalement imprudentes, effectuées par des chercheurs peu soucieux des questions d'hygiène et de sécurité. C'est ainsi qu'en 1879, le chimiste allemand Constantin Fahlberg découvrit la saccharine en léchant une substance inconnue renversée sur sa main. Ou que l'étudiant américain Michael Sveda fit connaissance avec les cyclamates en 1937, s'étonnant après une expérience audacieuse du goût sucré de sa cigarette. Ou encore qu'en 1965, l'américain James M. Schlatter détermina l'existence de l'aspartame en se léchant le doigt afin de ramasser une feuille déposée sur le sol.

's Werelds meest gebruikte artificiële zoetstoffen werden stuk voor stuk ontdekt doordat onderzoekers alle regels rond hygiëne en veiligheid aan hun laars lapten. Zo ontdekte de Duitse chemicus Constantin Fahlberg in 1879 saccharine door aan een onbekende stof te likken die hij op zijn hand gemorst had, maakte de Amerikaanse student Michael Sveda in 1937 kennis met cyclamaten toen hij na het uitvoeren van een experiment een sigaret opstak die zoet smaakte, en kwam de Amerikaan James M. Schlatter in 1965 in contact met aspartaam door aan zijn vinger te likken om een gevallen blad op te rapen.

Coca-Cola

1886

Coca-Cola / Coca-Cola

Doctor John Pemberton had already concocted several medicinal syrups and tonics when he invented 'Pemberton's French Wine Coca', a remedy against headaches, made from red wine, coca leaves and kola nuts. That same year, Atlanta prohibited the sale of alcohol, leaving him stuck with an illegal supply of drinks. In his search for a new miracle drink, Pemberton created a watered down syrup in May 1886. The result was a success, however, only after he accidentally used carbonated water instead of natural mineral water to make a second glass, did he start to consider selling the product as a soft drink rather than medicine. Today, Coca-Cola is one of the most popular drinks in the world.

Le docteur John Pemberton comptait déjà un grand nombre de sirops thérapeutiques à son actif lorsqu'il inventa contre les migraines le *Pemberton French Wine Coca*, un remède fabriqué à base de vin rouge, de feuilles de coca et de noix de cola. Cette même année, la ville d'Atlanta établit la prohibition, et Pemberton se retrouva soudain en possession d'un important stock de boissons illégales. À la recherche d'un nouveau breuvage miracle, il créa en mai 1886 un sirop à mélanger avec de l'eau, qu'il allongea un jour par erreur avec une eau gazeuse. C'est alors qu'il songea à l'opportunité de détourner ce produit pour en faire un rafraîchissement plutôt qu'un médicament. Aujourd'hui, le Coca-Cola est la boisson la plus populaire au monde.

Dokter John Pemberton had al meerdere geneeskrachtige siropen en tonics op zijn naam toen hij 'Pemberton's French Wine Coca' uitvond, een hoofdpijnremedie gemaakt van rode wijn, cocabladeren en kolanoten. Toen Atlanta nog datzelfde jaar de drooglegging invoerde, zat hij echter plots met een illegale drankvoorraad. Op zoek naar een nieuwe wonderdrank, creëerde Pemberton in mei 1886 een siroop die hij met water aanlengde. Het resultaat was geslaagd, maar pas toen hij bij het maken van een tweede glas per ongeluk koolzuurhoudend in plaats van natuurlijk bronwater gebruikte, begon hij te overwegen om het product als frisdrank aan de man te brengen in plaats van als medicijn. Vandaag de dag is Coca-Cola een van 's werelds meest populaire drankjes.

Potato Chips

Chips / Aardappelchips

It was a complaint in 1853 about the size of chips and a chef that took great offence, that resulted in potato chips. When an unhappy customer of the *Moon Lake House resort* in Saratoga Springs on 24 August kept on complaining that his chips were too chunky and thick, a furious George Crum decided to cut the potatoes wafer-thin, bake them until they were crunchy and cover them in a pile of salt. The difficult customer was not at all enraged by this but delighted with the dish and finished every last crumb on his plate. Crums cynical joke was the start of a resounding success: his 'Saratoga Chips' became a local delicacy until an enterprising businessman commercialized the product during the prohibition era. More than 150 years after its invention, the potato chip is worth a third of the global snack market.

L'apparition de la chips de pommes de terre en 1853 est le résultat de la rencontre de deux susceptibilités : celle du client d'un restaurant de l'État de New York et celle de son cuisinier. Le 24 août, un consommateur mécontent du *Moon Lake House Resort* à Saratoga Springs se plaignit parce que les frites qu'on lui avait servies étaient trop grosses et trop grasses à son goût. Le chef, George Crum, victime d'un coup de sang, décida d'émincer au maximum ses pommes de terre, de les faire frire puis de les enfouir sous une montagne de sel. Séduit par la préparation, le client vida allègrement son assiette. C'est ainsi que d'un geste vengeur naquit un immense succès : ces "Saratoga Chips", devenues célèbres, furent bientôt commercialisées par un homme d'affaires ambitieux. 150 ans plus tard, les chips représentent aujourd'hui un tiers du marché mondial des biscuits apéritifs.

In 1853 resulteerde de combinatie van een klacht over te dikke frieten en een kok met lange tenen in de geboorte van de aardappelchip. Toen een ontevreden klant van het *Moon Lake House resort* in Saratoga Springs op 24 augustus het lef had te blijven klagen over te dikke en kleffe frieten, besloot de woedende George Crum de aardappelen flinterdun te snijden, bruinkrokant te bakken en onder een zoutberg te begraven. De lastige klant was echter niet verbolgen maar in de wolken met het baksel en at zijn bord met smaak leeg. Crums cynische grap bleek het begin van een doorslaand succes: zijn 'Saratoga Chips' werden een lokale delicatesse tot een ondernemende zakenman het product tijdens de drooglegging commercialiseerde. Meer dan 150 jaar na zijn ontstaan, is de aardappelchip goed voor een derde van de mondiale snackmarkt.

Ice Cream Cone

Cornet de glace / IJshoorntje

1904

It is debatable who invented the first ice cream cone but the nicest story is undoubtedly that of the world exhibition in St. Louis in 1904, when fate helped ice cream and waffles team up. One excruciatingly hot day, a Persian waffle seller and an ice cream seller had adjoining stalls. Whilst the first one sold next to nothing, the other was doing excellent business and soon had no dishes left. His neighbor saved the day with an invention that was both simple and genius: he took one of his 'zalabia' waffles and shaped it into a cone in which the ice cream could be scooped. The accidental invention was such a success with exhibition visitors that other ice cream sellers soon followed suit. The cone became the best known product of the world exhibition and started a triumphal march around the world.

Difficile de savoir avec précision qui a été le premier inventeur du cornet de glace. Il ne fait cependant aucun doute que la plus jolie histoire à ce propos se déroule lors de l'Exposition universelle de St. Louis, lorsqu'un heureux hasard favorisa l'union de la glace et des gaufrettes. Par une journée torride de 1904, un vendeur perse de gaufrettes et un marchand de glace s'établirent côte à côte. Tandis que le premier n'arrivait pas à écouler sa marchandise, le second se trouva bientôt en rupture de coupelles tant ses ventes allaient bon train. C'est alors que son voisin trouva une solution aussi simple qu'ingénieuse, qui leur sauva la mise à tous les deux : prenant une gaufrette "zalabia", il la façonna en forme d'entonnoir pour que l'on puisse y déposer une boule de glace. Cette invention fortuite eut un tel succès auprès des visiteurs que d'autres vendeurs renouvelèrent la méthode. Le cornet devint ainsi l'invention la plus célèbre de l'Exposition et fit bientôt le tour du monde.

Wie de allereerste was om het ijshoorntje uit te vinden, wordt betwist, maar het mooiste verhaal is ongetwijfeld dat van de wereldtentoonstelling in St. Louis in 1904, toen het lot een handje hielp in het paren van ijs aan wafeltjes. Op een bijzonder hete dag stonden een verkoper van Perzische wafeltjes en een ijsverkoper in kraampjes naast elkaar. Terwijl de eerste zijn wafeltjes aan de straatstenen niet kwijtraakte, liep de verkoop bij de andere zo hard dat hij al snel zonder schaaltjes kwam te zitten. Op dat moment redde zijn buurman hun beider dag met een uitvinding die even simpel was als geniaal: hij nam een van zijn 'zalabia'-wafeltjes en draaide er een trechtertje van, waar het ijs in geschept kon worden. De toevallige ontdekking was zo'n hit bij expobezoekers, dat andere ijsverkopers ze al snel begonnen te kopiëren. Het hoorntje groeide uit tot het bekendste product van die bewuste wereldtentoonstelling en begon aan een wereldwijde zegetocht.

"An amazing invention – but who would ever want to use one?"

American President Rutherford B. Hayes, after having made a call from Washington to Pennsylvania with Alexander Graham Bell's telephone in 1876.

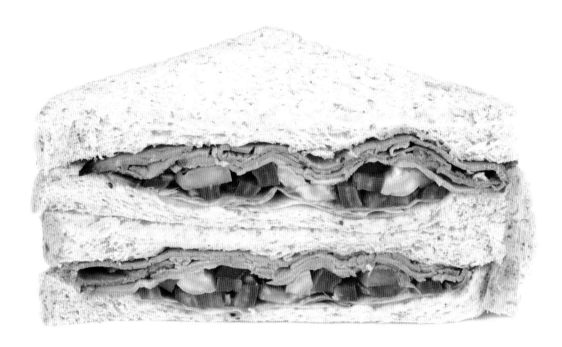

Sandwich

Sandwich / Sandwich

Lord Sandwich is not the inventor of the sandwich but has lent his name to it. According to the legend, John Montagu, the fourth Earl of Sandwich, was a keen card player, who often became so absorbed in the game that he did not find the time to eat. In 1762, when his servants were finally able to persuade him to eat after a 24 hour card session, he ordered them to put the meat between two slices of bread so he still had one hand left to play with. Others soon started ordering 'the same as Sandwich'. The word stuck and today two slices of bread with a filling are commonly known as a 'sandwich'.

Si le comte de Sandwich n'en est pas réellement l'inventeur, la plus célèbre collation du monde lui doit pourtant bien son nom. Suivant la légende, John Montagu, quatrième comte de Sandwich, était un joueur de cartes passionné, tellement pris à son jeu qu'il en oubliait souvent de passer à table. En 1762, lorsque ses domestiques parvinrent à le convaincre de se sustenter après une partie interminable, il leur demanda de lui servir sa part de viande habituelle entre deux tranches de pain, de manière à conserver une main libre pour jouer. Son exemple fit rapidement des émules, qui souhaitèrent bientôt être servis "comme Sandwich". L'expression demeura et, désormais, une double tranche de pain garnie est appelée "sandwich" partout dans le monde.

De sandwich werd weliswaar niet uitgevonden door graaf Sandwich, maar dankt wél zijn naam aan hem. Volgens de legende was John Montagu, de vierde graaf van Sandwich, een hartstochtelijke kaartspeler die zo opging in zijn spel dat hij vaak niet eens de tijd nam om te eten. Toen zijn bedienden hem in 1762 na een 24 uur durende kaartsessie eindelijk toch konden overhalen om te eten, beval hij hen om het vlees tussen boterhammen te leggen, zodat hij toch nog een hand vrij hield om te spelen. Zijn voorbeeld kreeg prompt navolging van anderen, die "hetzelfde als Sandwich" wilden eten. Het woord bleef hangen, en tegenwoordig staat een dubbele belegde boterham dan ook wereldwijd bekend als een 'sandwich'.

Corn Flakes

1898

Flocons de maïs / Maïsvlokken

What is the best thing that vegetarianism has contributed to the world? *Corn Flakes!* Crunchy corn flakes were invented on 8 August 1894 by brothers John Harvey and William Keith Kellogg of the radical Battle Creek Sanitarium. During their search for easily digestible meat replacements, the strict vegetarians were boiling and crushing grains of wheat when they were called away. When they returned, the dough was hard and fell apart. As they couldn't afford to throw it all away, they decided to bake the flakes and serve them to their patients as they were. They later experimented with other varieties such as corn. Pleas from ex patients to also sell the products outside the sanitarium persuaded them four years later to start up a small business. Today, billions of people enjoy breakfast eating corn flakes or other breakfast cereals from Kellogg's or others.

Il ne fait aucun doute que les *Corn Flakes* sont ce que le végétarisme a apporté de mieux au monde culinaire ! Ces flocons de maïs croustillants furent inventés le 8 août 1894, par les frères John Harvey et William Keith Kellog, alors qu'ils participaient à des recherches pour définir une nouvelle catégorie de mets susceptibles de remplacer la viande. Ces végétariens convaincus étaient occupés à bouillir des grains de froment et à les écraser lorsqu'ils furent détournés de leur occupation. À leur retour, la pâte obtenue s'était durcie et tombait en morceaux lorsqu'on la manipulait. Ne pouvant pourtant se permettre de jeter leur préparation, ils décidèrent de cuisiner les flocons et de les servir ainsi aux patients du Battle Creek Sanitarium. Plus tard, ils répétèrent l'expérience sur d'autres céréales, notamment le maïs, et furent incités par d'anciens malades à vendre leurs produits hors du sanatorium. Ils créèrent ainsi, quatre ans plus tard, une petite entreprise qui allait faire des émules : aujourd'hui, dans le monde, des millions de gourmands consomment chaque jour des céréales au petit déjeuner, qu'elles soient ou non issues des usines Kellogg's.

's Werelds beste bijdrage van het vegetarisme aan de wereld? *Corn flakes!* De knapperige maïsvlokken werden op 8 augustus 1894 uitgevonden door de broers John Harvey en William Keith Kellogg van het radicale Battle Creek Sanitarium. Tijdens hun zoektocht naar lichtverteerbare vleesvervangers waren deze strikte vegetariërs tarwekorrels aan het koken en platrollen toen ze weggeroepen werden. Bij hun terugkeer was het deeg hard geworden en tijdens het pletten viel het uit-een. Omdat ze het zich niet konden veroorloven om alles weg te gooien, besloten ze de vlokken te bakken en zo aan hun patiënten te serveren. Later experimenteerden ze ook met andere variëteiten, zoals maïs. Aangezet door smeekbeden van ex-patiënten om de producten ook buiten het sanatorium te verkopen, richtten ze vier jaar later een bedrijfje op. Vandaag genieten miljarden mensen van een ontbijt dat bestaat uit *corn flakes* of andere ontbijtgranen, al dan niet van het merk Kellogg's.

Peanut Butter

1890

Beurre de cacahuètes / Pindakaas

Opinions differ when asked who invented peanut butter. In 1890, an unknown doctor from St. Louis would have promoted the paste as a source of energy for people who could no longer chew meat due to bad teeth. He persuaded the food processing company from George A. Bayle Jr. to automate the production process, after which it was sold at 6 dollar cents per pound. At the same time, vegetarians John Harvey and William Keith Kellogg started to experiment with peanut butter on their patients at the Battle Creek Sanitarium. Surprisingly successful, they set up the Sanitas Nut Company a few years later which sold products such as peanut butter to grocery shops. These days, peanut butter is a popular spread in the US, Canada, Turkey, UK and the Netherlands.

Les opinions diffèrent lorsqu'il s'agit de définir l'inventeur du beurre de cacahuètes. En 1890, un docteur de St. Louis aurait recommandé cette pâte à tartiner comme fortifiant à des personnes ayant des difficultés à mâcher la viande à cause d'une mauvaise dentition. À sa demande, l'usine de transformation des denrées alimentaires de George A. Bayle Jr. automatisa le processus de production et cette pâte fut bientôt vendue pour 6 dollars la livre. À la même époque, les végétariens John Harvey et William Keith Kellog commençaient justement à tester le beurre de cacahuètes sur les patients de leur Battle Creek Sanitarium. Face au succès rencontré, ils fondèrent quelques années plus tard la Sanitas Nut Company, une entreprise qui livrait aux épiciers divers produits, dont du beurre de cacahuètes. Cette pâte à tartiner est désormais un *must* dans de nombreux pays, notamment aux États-Unis, au Canada, en Turquie, au Royaume-Uni et aux Pays-Bas.

Over de vraag wie aan de wieg van de pindakaas gestaan heeft, zijn de meningen verdeeld. In 1890 zou een niet nader genoemde dokter uit St. Louis de pasta gepromoot hebben als krachtvoer voor mensen die ten gevolge van een slecht gebit geen vlees meer konden kauwen. Op zijn aandringen automatiseerde het voedselverwerkingsbedrijf van George A. Bayle Jr. het productieproces, waarna het spul voor 6 dollarcent per pond verkocht werd. Rond dezelfde tijd begonnen ook de vegetariërs John Harvey en William Keith Kellogg in het Battle Creek Sanitarium met het uitvoeren van pindakaas-experimenten op hun patiënten. Blijkbaar met succes, want enkele jaren later stichtten ze de Sanitas Nut Company, die producten zoals pindakaas aan kruideniers leverde. Tegenwoordig is pindakaas populair broodbeleg in de Verenigde Staten, Canada, Turkije, het Verenigd Koninkrijk en Nederland.

Cheese

4000 B.C.

Fromage / Kaas

According to a popular theory, cheese was invented by a nomadic tribe in South Asia or the Middle East in the period between 8,000 and 3,000 BC. A Bedouin would have been traveling through the desert when he witnessed a small miracle: the milk he had taken with him in a bag made from a cow's stomach, had changed into a solid and fluid substance. Three elements were responsible for this: the bacteria contained in the cow's stomach, the constant motion and the heat from the sun. As cheese is non-perishable, the invention was immediately seized as an opportunity to store milk for times of scarcity. The process of cheese making has not changed throughout all those years.

Si l'on en croit une légende populaire, le fromage aurait été inventé par une tribu nomade d'Asie méridionale ou du Moyen-Orient entre 8 000 et 3 000 av. J.-C. Elle raconte comment un bédouin traversant le désert fut témoin d'un surprenant phénomène, constatant que le lait qu'il avait transporté dans une panse de bœuf s'était divisé en une part solide et une part liquide. Trois éléments s'étaient rencontrés pour déclencher cette transformation : les bactéries contenues dans l'estomac du bœuf ; le mouvement ininterrompu de la matière ; la chaleur liée au climat du désert. Le fromage étant un bien non périssable, la découverte fut immédiatement utilisée pour conserver le lait en prévision de la disette. De nos jours, la fabrication du fromage résulte toujours de ce processus ancestral.

Volgens een populaire theorie werd kaas uitgevonden door een nomadische stam in Zuid-Azië of het Midden-Oosten in de periode tussen 8.000 en 3.000 v.C.. Een bedoeïen zou onderweg geweest zijn in de woestijn toen hij getuige was van een klein mirakel: de melk die hij meegebracht had in een tas gemaakt van een rundermaag, was veranderd in een vast en een vloeibaar gedeelte. Drie elementen waren hiervoor verantwoordelijk: de bacteriën in de rundermaag, de voortdurende bewe-ging en de warmte van de zon. Vanwege de lange houdbaarheid van kaas, werd de uitvinding meteen aangegrepen om melk te bewaren voor tijden van schaarste. Het principe van kaasmaken wordt tegenwoordig nog altijd op precies dezelfde manier toegepast.

Chocolat Chip Cookies

Biscuit aux pépites de chocolat
/ Koekjes met chocoladestukjes

In 1930, Ruth Wakefield of the *Toll House Inn* in Massachusetts accidentally invented cookies containing chocolate chips. When baking her favorite chocolate cookie, she noticed that she had run out of baking chocolate. Therefore, she broke a Nestle milk chocolate bar into small pieces and mixed it with the dough. However, the pieces didn't melt but became slightly gooey. Luckily, the 'failed' cookies were incredibly popular with her guests and even became famous on a national level. When Andrew Nestle noticed that his chocolate sales were dramatically increasing, he offered Wakefield a life-long supply of chocolate in exchange for the privilege to print her recipe on the packaging. This only increased the popularity of 'America's favorite type of cookie'.

Ruth Wakefield, co-fondatrice de la célèbre Toll House Inn dans le Massachusetts, inventa par mégarde les plus connus des biscuits aux pépites de chocolat : les cookies. Tandis qu'elle était occupée à faire ses gâteaux favoris, elle remarqua qu'elle n'avait plus de chocolat à cuire et elle le remplaça par une plaque de chocolat Nestlé cassée en petits morceaux, qu'elle mélangea à la pâte. Au lieu de se mêler à la préparation comme elle l'avait d'abord envisagé, les pépites de chocolat se contentèrent de ramollir. Servis à tables aux habitués de la maison, ces biscuits "manqués" devinrent extrêmement populaires et acquirent en peu de temps une grande notoriété. Lorsque Andrew Nestlé remarqua que la vente des plaques de chocolat augmentait en conséquence, il proposa à Wakefield de la fournir à vie en matière première en échange du droit d'imprimer la recette des cookies sur ses emballages. C'est ainsi que les biscuits les plus appréciés de l'Amérique embrassèrent définitivement leur incroyable destinée.

Ruth Wakefield van de *Toll House Inn* in Massachusetts vond in 1930 per ongeluk koekjes met chocoladestukjes uit. Toen ze bij het maken van haar favoriete chocoladekoekjes merkte dat ze geen bakkerschocolade meer had, brak ze een stuk halfzoete Nestle-chocolade in kleine stukjes en mengde die onder het deeg. Deze stukjes smolten echter niet, maar werden enkel een beetje wak. De 'mislukte' koekjes bleken gelukkig razend populair bij haar gasten en verwierven na een tijdje zelfs landelijke faam. Toen Andrew Nestle merkte dat de verkoop van zijn chocolade hierdoor drastisch steeg, bood hij Wakefield een levenslange voorraad chocolade aan in ruil voor het voorrecht om haar recept op de verpakking te mogen afdrukken. Daardoor verwierf 'Amerika's favoriete koekjessoort' uiteraard enkel nog meer populariteit.

Doughnut Hole

1847

Le trou du beignet / Het gat in de donut

A doughnut is not a doughnut without its hole. However, the hole was invented long after the doughnut was introduced by Dutch migrants in America. According to the legend, it was captain Hansen Gregory from Maine who was responsible for the typical look of this American product. A heroic story tells us how, in 1847, he speared his doughnut on one of the handles of his steering wheel to free up his hands (and keep his snack safe) during a storm. According to a slightly more modest version, he decided as a 16 year old cabin boy to cut out the often raw and unappetizing center of the bun using the lid of a pepper box. Whatever version may be true, the doughnut with hole was an immediate success and is known worldwide today under several different names.

Entre un beignet et un donut, la différence se joue à un trou. Cette spécificité, qui apparut bien longtemps après l'introduction par des émigrants hollandais du beignet classique en Amérique, est le fait du capitaine Hansen Gregory, qui donna à ce produit *made in USA* sa forme caractéristique. Un récit héroïque raconte qu'en 1847, alors qu'une tempête faisait rage, ce dernier ficha son beignet sur l'une des pointes du gouvernail pour préserver son casse-croûte et garder les mains libres. Une version moins glorieuse de ce récit stipule que Gregory, alors jeune mousse âgé de 16 ans, décida d'ôter la partie médiane de son beignet, pâteuse et peu appétissante, à l'aide d'un poivrier. Quoi qu'il en soit, le donut connut un énorme succès et est désormais répandu dans le monde entier sous diverses appellations.

Een donut zonder gat is geen donut. En toch werd het gat pas uitgevonden lang nadat de donut door Nederlandse migranten in Amerika geïntroduceerd werd. Volgens de legende was het kapitein Hansen Gregory uit Maine die dit Amerikaanse product zijn karakteristieke uiterlijk gaf. Een heroïsch verhaal vertelt hoe hij zijn donut in 1847 tijdens een storm op een punt van zijn scheepswiel prikte om zijn handen vrij (en zijn snack veilig) te houden. Volgens een iets bescheidenere versie besloot hij als 16-jarige scheepsjongen om het zompige en onsmakelijke midden uit het gebakje te steken met behulp van het deksel van een pepervat. Wat er ook van zij, de donut-met-gat was meteen een gigantisch succes en is vandaag wereldwijd gekend onder de meest diverse namen.

Maple Syrup

Sirop d'érable / Ahornsiroop

1620

According to an Indian legend, maple syrup was invented by a squaw who was bone-idle. One winter evening, the Iroquois warrior Woksis had axed his tomahawk in the trunk of a maple tree. When he took it out in the morning to go hunting, his wife Moqua noticed sap running from the incision as it became warmer and sunnier. She decided to save herself a trip to the river and catch some to use for dinner. As the sap stewed it quickly thickened into a syrup, adding such a sweet taste to the food that Woksis eventually broke the saucepan trying to lick every last drop. Maple syrup became a national product of Canada where it is usually eaten with waffles and pancakes. Other countries mainly use the syrup for body cleansing and as a healthy sugar replacement.

D'après une légende amérindienne, on doit le sirop d'érable à une jeune et oisive squaw. Un soir d'hiver, un guerrier iroquois du nom de Woksis planta son tomahawk dans le tronc d'un érable à sucre. Le lendemain, au petit jour, il l'en retira en partant à la chasse. Lorsque le soleil se leva et que les températures commencèrent à monter, son épouse remarqua la sève coulant le long du tronc, là où la hache avait été plantée. Elle décida de récolter cette substance et de la cuisiner. À la cuisson, cette sève se transforma en un sirop suave donnant à la nourriture un goût délicieusement sucré qui régala son époux. Depuis, le sirop d'érable est devenu un produit national au Canada, et est notamment utilisé pour garnir les gaufres et les crêpes. Dans d'autres pays, il reste avant tout utilisé comme substitut au sucre.

Ahornsiroop werd volgens een indiaanse legende uitgevonden door een squaw die liever lui was dan moe. De Iroquois-krijger Woksis had zijn tomahawk op een winteravond in de stam van een suikeresdoorn geplant en die daar 's morgens toen hij op jacht vertrok weer uit gehaald. Terwijl het warmer en zonniger werd, merkte zijn vrouw Moqua dat er sap druppelde uit de barst waar de bijl gezeten had. Ze besloot zichzelf een tocht naar de rivier te besparen door er wat van op te vangen voor gebruik in het avondmaal. Tijdens het stoven dikte het sap in tot een siroop, die zo'n zoete smaak aan het eten gaf dat Woksis uiteindelijk de pot brak om ook de laatste druppeltjes te kunnen oplikken. Ahornsiroop groeide uit tot een Canadees nationaal product en wordt in die contreien meestal gegeten bij wafels en pannenkoeken. In andere landen wordt de siroop vooral gebruikt tijdens reinigingskuren en als gezonde suikervervanger.

Tea

2737 B.C.

Thé / Thee

According to an old Chinese legend, it was Emperor Shen Nung who invented tea 3,000 years BC. He was not only a charismatic leader but also a scientist who insisted on drinking-water being boiled before use. One day when he was visiting a remote part of his empire, his servants were boiling water for him. The wind blew a few leaves of a bush in, which colored the water and spread an aromatic scent. A curious emperor decided to try the brew and the rest is history. True or not, the first ever written record of tea does appear in Shen Nung's book on pharmacy and herbs, the *Pen Ts'ao* from 2,737 BC. Today, tea is, next to water, the most popular drink in the world.

Selon une ancienne légende chinoise, l'empereur Shen Nung aurait découvert le thé il y a bien longtemps, trois siècles avant notre ère. Chef charismatique et vénéré, celui-ci était également un scientifique exigeant, qui tenait notamment à ce que l'eau soit bouillie avant d'être bue. Un jour qu'il visitait une contrée lointaine de son royaume, ses domestiques lui apportèrent une eau encore bouillante sur laquelle le vent déposa quelques feuilles d'un arbuste ; l'eau se colora instantanément et une forte senteur aromatique s'en dégagea. Amusé par ce surprenant phénomène, l'empereur décida de goûter le breuvage et l'apprécia. Que ce récit soit authentique importe peu ; il n'empêche que la toute première mention du thé apparaît justement dans un livre de 2 737 av. J.-C, *Pen Ts'ao*, portant sur la pharmacie et l'herboristerie et signé de la main de Shen Nungdaté. Aujourd'hui, le thé est avec l'eau la boisson la plus consommée dans le monde.

Volgens een oude Chinese legende was het Keizer Shen Nung die 3.000 jaar v.C. thee uitvond. Hij stond niet enkel bekend als charismatisch leider, maar was ook een wetenschapper die erop stond dat drinkwater voor gebruik gekookt werd. Toen hij op een dag een afgelegen regio van zijn rijk bezocht, brachten zijn bedienden water voor hem aan de kook. De wind blies er enkele blaadjes van een struik in, waardoor het water verkleurde en een aromatische geur begon te verspreiden. De nieuwsgierige keizer besloot het brouwsel te proeven en de rest is geschiedenis. Waar of niet, 's werelds eerste schriftelijke vermelding over thee duikt toevallig wél op in Shen Nungs boek over farmacie en kruiden, de *Pen Ts'ao* uit 2.737 v.C.. Vandaag is thee, naast water, 's werelds populairste drank.

Tea Bag

1904

Sachet de thé / Theezakje

The New York tea trader Thomas Sullivan wanted to cut costs when in 1904, he started using hand-sown silk bags instead of traditional tin cans to send his samples. His customers were delighted with his tea, but moreover, with the bags. Fully oblivious of the fact that they were meant to take the tea out, they discovered that the bags were far easier than fishing tea leaves back out of the pot. Sullivan never sold loose tea leaves again. He was overwhelmed by the requests for tea bags. Currently, tea bags account for approximately 95% of the tea sales in the Western world.

Le négociant en thé Thomas Sullivan cherchait à diminuer ses frais lorsque, en 1904, il troqua les boîtes métalliques utilisées habituellement pour expédier ses échantillons contre des sachets de soie cousus. Cette formule rencontra un vif succès auprès de ses clients, qui utilisèrent directement le contenant comme infuseur dans la théière. Ils constatèrent avec bonheur que les sachets facilitaient le maniement des feuilles de thé, qui ne se dispersaient plus dans l'eau bouillante. Suite à cet heureux hasard, Sullivan fut submergé de demandes et cessa totalement de vendre le thé en feuilles. Aujourd'hui, l'empaquetage en sachets représente 95% de la consommation en Occident.

De New Yorkse theehandelaar Thomas Sullivan wilde kosten besparen toen hij zijn stalen in 1904 in handgenaaide zijden zakjes begon te versturen, in plaats van in de traditionele tinnen blikjes. Zijn klanten waren in de wolken - niet zozeer met zijn thee als met de zakjes. Zich volledig onbewust van het feit dat ze verondersteld werden om de thee eruit te halen, ontdekten ze dat de zakjes een stuk makkelijker waren dan de theebladeren weer uit de pot te vissen. Sullivan verkocht daarna geen enkel los theeblad meer. Maar hij verzoop onder de vraag naar thee in zakjes. Vandaag maakt thee in zakjes ongeveer 95% uit van de theeverkoop in de Westerse wereld.

Bread

4000 B.C.

Pain / Brood

Even the invention of bread, attributed by some to Hebrews, was accidental. A chef, who was making a mixture of flour and water, briefly left his kitchen. When he returned a few hours later, he discovered the dough had risen. As he didn't want to waste it, he decided to bake it on a hot stone. The result was a tasty light bake that took over the world by storm.

Même l'invention du pain, attribuée par certains aux Hébreux, est purement fortuite. Un jour, un cuisinier en pleine préparation d'une bouillie à base d'eau et de farine quitta un moment sa cuisine. À son retour, il constata que la pâte avait levé et décida de la cuire malgré tout sur une pierre brûlante. Il en résulta le "gâteau" léger et croustillant que nous connaissons aujourd'hui, et qui conquit rapidement le monde.

Ook de uitvinding van het brood, die sommigen aan de Hebreeërs toeschrijven, is te danken aan het toeval. Een kok, die een papje aan het klaarmaken was van meel en water, verliet even zijn keuken. Toen hij een paar uur later terugkwam, ontdekte hij dat het deeg gerezen was. Omdat hij het niet zomaar wilde weggooien, bakte hij het op een hete steen. Het resultaat was een smakelijke lichte koek die de wereld stormenderhand veroverde.

Microwave oven

1945

Four à micro-ondes / Magnetron

The invention of the microwave came as a result of... a piece of chocolate. In 1942, when Percy Spencer, of the American company Raytheon, walked passed a radar unit, the chocolate bar in his pocket suddenly transformed into a sticky mess. Spencer immediatlety thought of the radiation of the microwave in the installation and started to experiment with different food items. He found out that microwaves are able to actuate water molecules in food to such an extent that they create warmth. Furthermore, they have the ability to heat substances quicker than any traditional oven. Raytheons first commercial microwave, which was nearly 1.8m high and 340kg in weight, took shape in 1947. It would take a further 20 years to develop a table size model. These days, every new kitchen comes as standard with a microwave.

La découverte du four à micro-ondes ne se serait jamais produite sans... un morceau de chocolat ! Un jour de 1942, Percy Spencer, un employé de la firme américaine Raytheon, passa devant une installation radar et constata que la barre de chocolat qu'il gardait dans sa poche avait instantanément ramolli. Il n'en fallut pas plus au brillant ingénieur pour établir un lien entre cet événement et le rayonnement émis par l'installation électrique. Il se mit alors à reproduire cette expérience sur toutes sortes de denrées, et s'aperçut que les micro-ondes, en activant les molécules d'eau contenues dans les aliments, permettaient de générer de la chaleur. En outre, il découvrit que ce processus permettait de réchauffer la matière bien plus rapidement qu'un four traditionnel. C'est ainsi que naquit quelques années plus tard le premier four à micro-ondes, haut de 1,80 m et lourd de 340 kg, commercialisé par Raytheon. Vingt années supplémentaires furent nécessaires à la marque pour développer un modèle miniaturisé qui puisse s'intégrer dans une cuisine équipée.

De ontdekking van de microgolfoven hebben we te danken aan… een stuk chocola. Toen Percy Spencer van de Amerikaanse firma Raytheon in 1942 voorbij een radarinstallatie wandelde, veranderde een chocoladereep in zijn broekzak plots in een plakkerige massa. Spencer legde een verband met de radiostraling van de magnetron in de installatie en begon voedingsstoffen aan te slepen voor experimenten. Daaruit bleek dat microgolven watermoleculen in voedsel zozeer in beweging kunnen brengen dat ze warmte veroorzaken. Bovendien kunnen ze stoffen stukken sneller opwarmen dan enige andere traditionele oven. Raytheons eerste commerciële magnetron, bijna 1,8 m hoog en 340 kg zwaar, zag het levenslicht in '47. Het zou nog 20 jaar duren voor men erin slaagde een tafelmodel te ontwikkelen. Tegenwoordig wordt elke nieuwe keuken standaard uitgerust met een microgolfoven.

Brandy

Eau-de-vie / Brandewijn

Hats off to the Dutch! It is largely due to them that we are now able to enjoy brandy such as cognac and armagnac. Ever since the tenth century, French wines were exported to northern Europe using Dutch vessels. In order to reduce export taxes during transport, safeguard the quality of the wine and limit the volume, a Dutch pharmacist invented a process to concentrate wine by heating it up and later diluting it to recreate wine. This changed the flavor dramatically and made the watered down wine undrinkable. On the other hand, the much stronger and more concentrated liquid that was transported in oak barrels was far better tasting than the original wine. The distillate was therefore renamed 'brandywine' or 'brandy', derived from the Dutch word 'brandewijn' meaning 'burnt wine'.

Gloire aux Néerlandais ! C'est en grande partie à eux, en effet, que nous devons les eaux-de-vie telles que le cognac et l'armagnac. Dès le Xᵉ siècle, le vin français fut exporté vers le Nord de l'Europe grâce à des navires hollandais. Afin de pouvoir, au cours du transport, conserver intacte la qualité du vin, réduire le volume de la marchandise et payer moins de taxes d'exportation, un pharmacien hollandais mit à jour un procédé consistant à réduire le vin en le chauffant, puis à le délayer sur place avec de l'eau. Bien qu'ingénieux, ce procédé entraîna une sévère altération de la boisson. On s'aperçut néanmoins que le liquide non dilué, transporté dans les fûts de chêne, s'avérait avoir un goût très appréciable, bien différent du vin original. La méthode de la distillation fut ainsi conservée, et le produit obtenu baptisé "brandewijn" ou "brandy".

Petje af voor de Nederlanders! Het is grotendeels aan hen te danken dat we vandaag kunnen genieten van brandewijnen als cognac en armagnac. Al sinds de tiende eeuw werd Franse wijn met behulp van Hollandse schepen naar noordelijk Europa geëxporteerd. Om tijdens het transport de kwaliteit van de wijn te kunnen bewaren, het volume te beperken en lagere uit-voerbelastingen te moeten betalen, bedacht een Hollandse apotheker het proces om wijn door verwarming te concentreren en er later door toevoeging van water weer wijn van te maken. Dit bracht echter wel een smaakverandering met zich mee, waardoor het aangelengde spul niet te drinken bleek. Anderzijds was de veel straffere onverdunde vloeistof, die in eikenhou-ten vaten vervoerd werd, een stuk smaakvoller dan de oorspronkelijke wijn. Het destillaat werd daarom herdoopt tot 'bran-dewijn' of 'brandy'.

③ MEDICINE

MEDECINE / GENEES

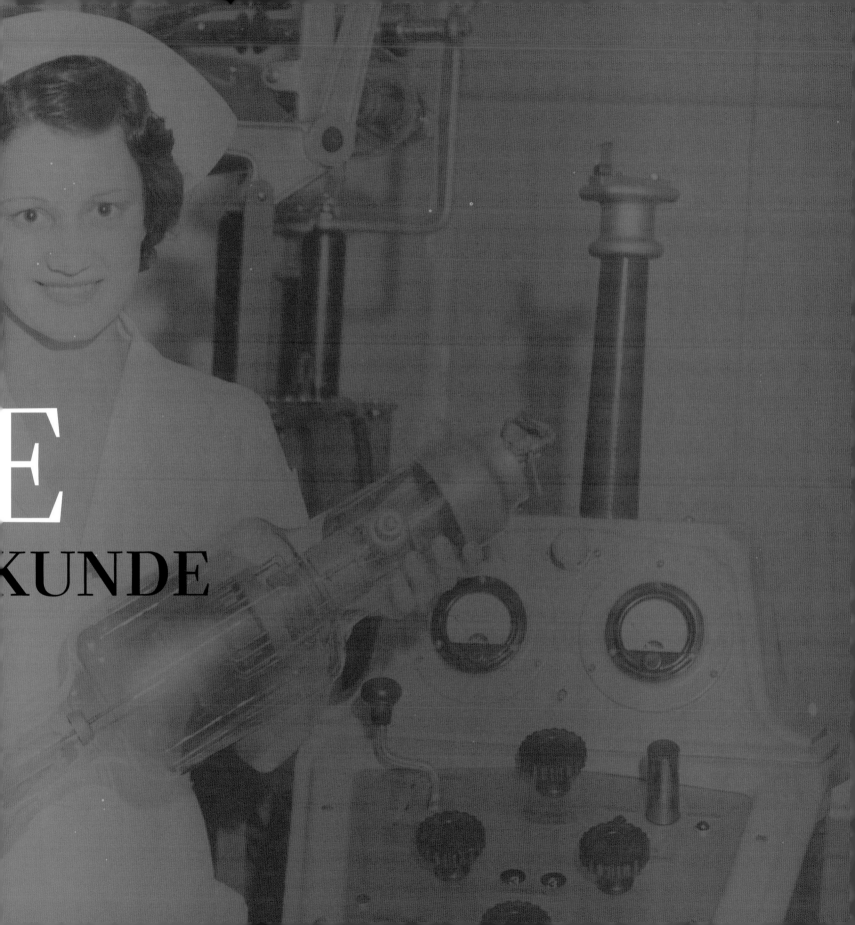

X-Rays

Rayons X / Röntgenstralen

1895

The fact that doctors are able to look through our skin using X-rays is all due to the carelessness of the German physicist Wilhelm Conrad Röntgen. He discovered the strange radiation when he was experimenting in 1895, as were many of his colleagues, with an electron tube. During one of these experiments, after he had wrapped the tube in black cardboard, he noticed a curious glow coming from a fluorescent screen on the other side of his laboratory. The glow indicated a new type of invisible radiation that was able to pass through everything except the densest materials. The biggest surprise of all came when, during one of his experiments with different materials, he accidentally held his hand in front of the beam, and the bones were projected onto the wall behind him. Röntgen called his invention X-rays, after the mathematical symbol for the great unknown. X-rays are still used as a medical tool.

Si les médecins sont aujourd'hui capables d'examiner les parties internes du corps humains, c'est en partie grâce au physicien allemand Wilhelm Conrad Röntgen. Ce savant découvrit les rayons X en 1895, alors qu'il emballait un jour un tube électronique à l'intérieur d'un carton noir. Au cours de cette expérimentation, il vit soudain une source de lumière apparaître de l'autre côté de son laboratoire. L'intensité de sa vision lui donna à penser qu'il s'agissait sans doute d'une espèce nouvelle de radiations invisibles, capables de traverser des matériaux solides. Déclinant ses recherches sur différents supports, il finit par distinguer son squelette projeté sur le mur sous l'effet des rayons. Röntgen baptisa sa découverte les "rayons X", en référence au symbole utilisé en sciences pour désigner une quantité non définie. Aujourd'hui, la radiographie reste un outil médical incontournable.

Het feit dat dokters met behulp van röntgenstralen door onze huid heen kunnen zien, hebben we te danken aan de slordigheid van de Duitse natuurkundige Wilhelm Conrad Röntgen. Hij ontdekte de vreemde straling toen hij net als veel van zijn collega's in 1895 aan het experimenteren was met een elektronenbuis. Tijdens een proef waarbij deze volledig afgedekt was met zwart karton, zag hij aan de andere kant van zijn labo plots een rondslingerende fluorescerende plaat oplichten. De gloed wees op een nieuwe soort onzichtbare straling die door allesbehalve de meest dichte stoffen heen kon dringen. Maar de grootste verrassing kwam pas toen tijdens een van de tests met verschillende materialen per ongeluk zijn hand voor de straal hield en zijn botten op de muur achter hem geprojecteerd zag. Röntgen noemde zijn ontdekking X-stralen, naar het wiskundige symbool voor een onbekende grootheid. Vandaag worden röntgenfoto's nog altijd gebruikt als standaard medisch instrument.

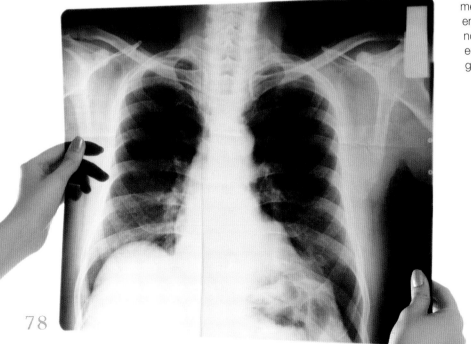

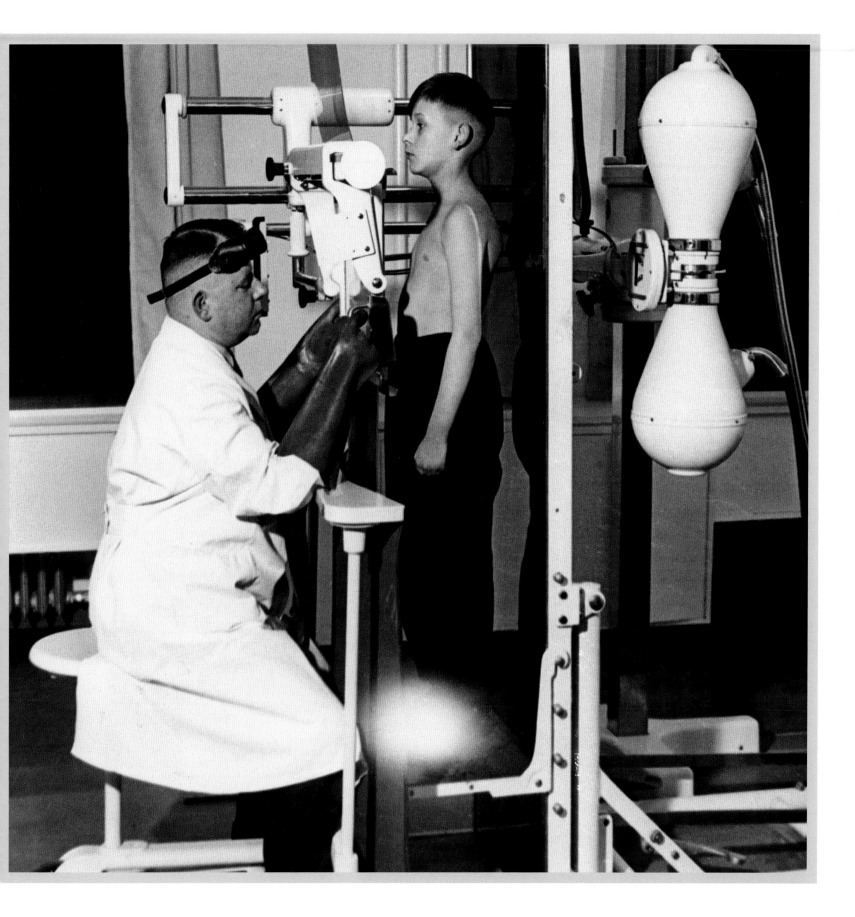

$C_{20}H_{25}N_{3}O$

LSD

1943

LSD / LSD

The very first LSD trip in the history of mankind was ingested by the Swiss chemist Albert Hofmann. He discovered the hallucinating effects of lysergic acid diethylamide when the substance was accidentally absorbed into his bloodstream via his fingertips.. Initially, he wasn't impressed with the mixture that he had prepared from poisonous ergot to stimulate contractions, however, a 'peculiar presentiment' made him return to the chemical five years later. On 19 April 1943, three days after his first experience he intentionally ingested 0.25 milligram of LSD in the name of science. The result is known as 'Bicycle Day': Hofmann was hardly able to return home on his bike and was besieged by hallucinations, panic attacks, paranoia, dizziness and euphoria until deep into the night. He had hoped to use LSD with psychiatric patients but as the substance grew into a popular drug during the 60s, it became illegal almost worldwide.

Albert Hofmann est le premier homme à avoir éprouvé les effets d'une consommation d'acide lysergique diéthylamide, ou LSD. Ce chimiste suisse découvrit malgré lui les qualités hallucinogènes de cette substance fabriquée à base de moisissure toxique d'ergot de seigle, lorsqu'il en ingéra un jour une petite quantité restée sur le bout de ses doigts. Il était loin, alors, de mesurer l'ampleur de sa trouvaille. Cinq ans plus tard, un "vague pressentiment" l'incita à revenir sur ses recherches et, le 19 avril 1943, il consomma une dose de 0,25 mg de LSD. Les conséquences de son geste - il rentra chez lui difficilement et fut victime toute la nuit d'hallucinations, de crises de panique, de paranoïa, de vertige et d'euphorie - sont aujourd'hui connues sous le nom de "Bicycle Day". Il espéra d'abord pouvoir utiliser sa trouvaille pour le traitement des maladies mentales, mais le LSD fut détourné dans les années 1960 en une drogue extrêmement populaire, frappée d'interdiction presque partout dans le monde.

De allereerste lsd-trip in de geschiedenis van de mensheid staat op naam van de Zwitserse scheikundige Albert Hofmann. Hij ontdekte de hallucinogene eigenschappen van lyserginezuurdiëthylamide toen de stof per ongeluk via zijn vingertoppen in zijn bloed opgenomen werd. Aanvankelijk had hij weinig gezien in het goedje dat hij uit de giftige moederkoornschimmel vervaardigd had om weeën op te wekken, maar een "vaag voorgevoel" had hem er vijf jaar later toe aangezet om het terug op te diepen. Drie dagen na zijn eerste ervaring, op 19 april 1943, besloot hij in naam van de wetenschap een dosis van 0,25 milligram te slikken. Het resultaat staat gekend als 'Bicycle Day': Hofmann slaagde er nauwelijks in om met zijn fiets terug thuis te raken en werd tot diep in de nacht overvallen door hallucinaties en opstoten van paniek, paranoia, duizeligheid en euforie. Hij hoopte lsd te kunnen gebruiken voor de behandeling van geesteszieken, maar nadat het spul in de jaren 60 uitgegroeid was tot een populaire drug, werd het vrijwel wereldwijd verboden.

Penicillin

1928

Pénicilline / Penicilline

We owe the invention of the first antibiotic to the warm temperature in the laboratory of the Scottish scientist Alexander Fleming. In a small room in St. Mary's hospital in London, he experimented with bacteria from hospital patients. The boiler in the room next to his laboratory threw out so much heat that he often had to open a window, allowing dust, mould and seeds to enter. On 28 September 1928, yet another petri dish with staphylococcus had been contaminated by mould. As he was about to clean the dish, he noticed that the bacteria around the green mould had disappeared. The mould itself appeared to release a substance that could kill bacteria, which Fleming called penicillin. Thanks to his discovery, which lead the way for the creation of several other antibiotics, the era when people died from simple bacterial infections was history.

Le monde doit l'invention du premier antibiotique à la chaleur qui régnait dans le laboratoire d'Alexander Fleming. Dans la petite pièce de l'hôpital St Mary's de Londres où le scientifique écossais menait des expériences sur les bactéries, la température était souvent anormalement élevée sous l'effet d'un poêle installé dans la chambre voisine. Amené à aérer régulièrement la pièce, il permit à diverses poussières, moisissures et semences d'infester l'air intérieur. C'est ainsi que le 28 septembre 1928, une boîte contenant des staphylocoques se retrouva totalement envahie de moisissures. Au moment où il voulut la nettoyer, le chercheur remarqua une disparition des bactéries et en vint à penser que cette matière sécrétait peut-être une substance capable de tuer les microbes. Fleming nomma sa trouvaille "pénicilline". Grâce à cette découverte essentielle, qui ouvrit la voie à bien d'autres antibiotiques, le temps où l'on mourait d'une simple infection bactérienne était bel et bien révolu.

De wereld dankt de uitvinding van het eerste antibioticum aan de warmte in het labo van de Schotse wetenschapper Alexander Fleming. In een klein kamertje van het St. Mary's ziekenhuis in Londen voerde hij tests uit op bacteriën die hij verzamelde bij ziekenhuispatiënten. De verwarmingsketel in de kamer naast zijn labo gaf zo'n hitte af dat hij zich dikwijls verplicht zag een raam open te zetten, waardoor stof, schimmels en zaden hun weg naar binnen vonden. Op 28 september 1928 was er alweer een petrischaaltje met staphylokokken aangetast geraakt door een schimmel. Net toen hij het wilde uitspoelen, merkte hij dat alle bacteriën rondom de groene fungus verdwenen waren. De schimmel in kwestie bleek een bacteriedodende stof af te scheiden, die Fleming penicilline noemde. Dankzij zijn ontdekking, die de weg vrijmaakte voor de geboorte van tal van andere antibiotica, was de tijd dat mensen konden sterven aan een simpele bacteriële infectie voorgoed voorbij.

"The most exciting phrase to hear in science, the one that heralds new discoveries, is not 'Eureka!', but 'That's funny'..."

Isaac Asimov (1920-1992),
American writer and biochemic

Stethoscope

Stéthoscope / Stethoscoop

1816

Doctors may have to thank the stethoscope to the prudishness of a 19th century French colleague. In the days of René Laënnec, doctors would hold their ear against the chest of their patient to diagnose an illness. When in 1816, Laënnec was visited by a voluptuous young lady (who, according to some, lacked basic hygiene), he was far from keen on placing his cheek to her chest. Suddenly he remembered two children that morning, playing by the Louvre: one of them scratched with a needle at one end of a tree trunk, whilst the other could hear the amplified sound on the other side. He took a small pile of papers, shaped them into a funnel and positioned it between his ear and the girl's chest. Never before had he heard chest sounds more clearly and with such volume. This inspired him to invent the stethoscope, still an essential instrument in the medical world today.

Les médecins du monde entier doivent l'invention du stéthoscope à la pudeur d'un de leurs collègues français. Du temps de René Laennec, au XIXᵉ siècle, les praticiens avaient encore pour habitude de placer une oreille sur la poitrine de leur patient pour établir un diagnostic. Lorsque ce dernier, en 1816, fut un jour consulté par une voluptueuse jeune femme, il se sentit gêné à l'idée de poser sa joue contre sa poitrine. Il se souvint alors de deux enfants jouant le matin même dans la cours du Louvre : tandis que l'un grattait une aiguille à l'extrémité d'un tronc, l'autre écoutait le bruit amplifié du frottement de l'autre côté de l'arbre. Il fabriqua alors un entonnoir en papier, et plaça ce dernier entre son oreille et le corsage de sa patiente. Les sons qu'il fut alors capable de percevoir étaient d'une telle clarté qu'il élabora par la suite le premier stéthoscope, un instrument aujourd'hui indispensable en médecine générale.

De stethoscoop zouden dokters wereldwijd te danken hebben aan de preutsheid van een 19de eeuwse Franse collega. In de tijd van René Laënnec was het voor dokters gebruikelijk om kwalen op te sporen door een oor tegen de borst van hun patiënt te zetten. Toen Laënnec op een dag in 1816 bezocht werd door een wulpse (en volgens sommigen weinig hygiëni-sche) jongedame, zag hij zichzelf echter nog niet zo gauw zijn wang tegen haar boezem planten. Plots herinnerde hij zich hoe hij die ochtend twee kinderen had zien spelen aan het Louvre: een van hen kraste met een naald aan het ene eind van een boomstam, terwijl de tweede het versterkte geluid aan de andere kant beluisterde. Hij nam een stapeltje papier, rolde het op tot een trechter en plaatste die tussen zijn oor en de boezem van het meisje. De duidelijkheid en het volume waar-mee hij de geluiden in haar borstkas hoorde waren ongeëvenaard. Dit inspireerde hem tot de uitvinding van de stethoscoop, een instrument dat vandaag onontbeerlijk is in de medische industrie.

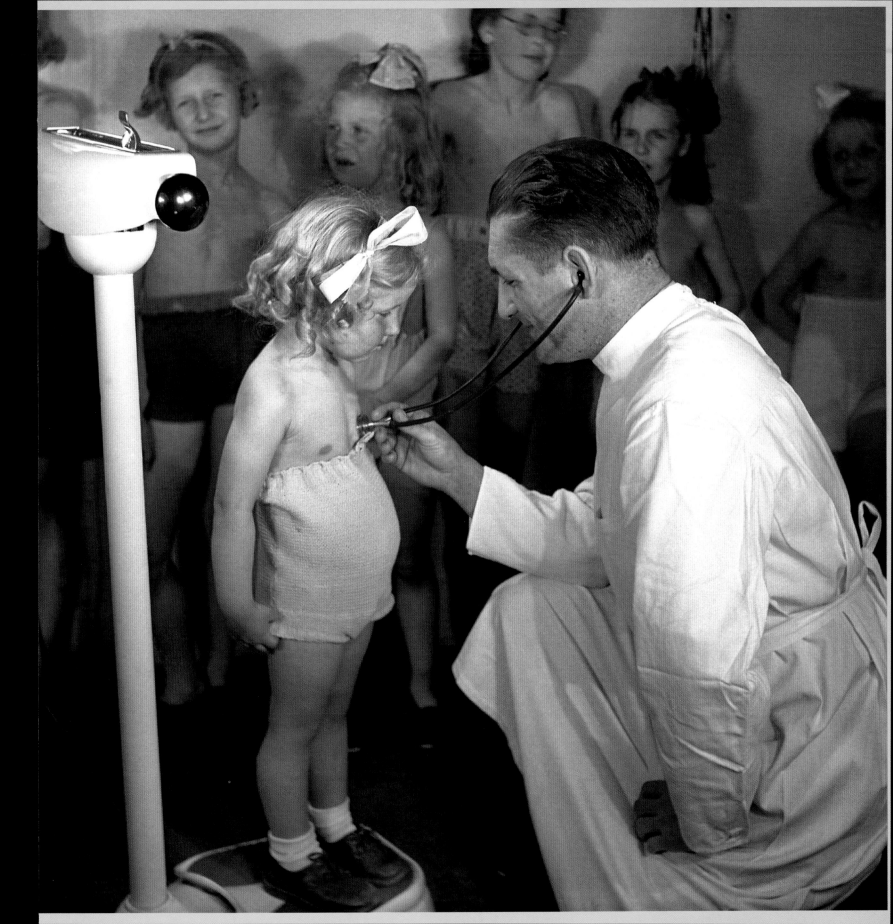

Viagra

Viagra / Viagra

1991

Men with erection problems should not be hard on the researchers of Pfizer in Sandwich, England. It was them who in 1993 discovered that Sildenafil citrate could decrease impotence. Initially studied to treat angina, tests revealed it to be unsuccessful. However, male volunteers were soon successful in other areas: the substance seemed to increase the inflow of blood with sexual stimuli, enabling them to get and keep up an erection more easily. Pfizer immediately saw a gap in the market and altered the focus of the study. The introduction of Viagra in 1998 lead to a true revolution for impotent men. The blue diamond shaped pill is still one of the top 100 most sold drugs.

Les patients souffrant de troubles de l'érection doivent une fière chandelle aux chercheurs britannique du laboratoire Pfizer. Ces derniers découvrirent en effet en 1993 les propriétés du citrate de sildénafil, utilisé aujourd'hui pour la fabrication du Viagra. Leurs recherches portaient à l'origine sur le traitement d'angines de poitrine. Les résultats des tests cliniques furent peu satisfaisants. Néanmoins, les sujets masculins soumis aux tests témoignèrent rapidement d'autres effets, bien plus inattendus : l'augmentation de leurs performances sexuelles, due, semblait-il, à une amélioration de l'afflux sanguin responsable de l'érection. Pfizer, conscient du marché potentiel lié à cette trouvaille, réorienta immédiatement la recherche et introduit le Viagra sur le marché en 1998, déclenchant ainsi une véritable révolution. La petite pilule bleue en forme de diamant est aujourd'hui l'un des cent médicaments les plus vendus dans le monde.

Mannen met erectiestoornissen hebben keiharde redenen om de researchers van Pfizer in het Britse Sandwich dankbaar te zijn. In 1993 kwamen deze immers toevallig achter de potentieverhogende eigenschappen van sildenafil citraat. De pilletjes, uitgedokterd om hartkrampen te behandelen, bleken tijdens klinische tests weinig succesvol. Maar de mannelijke proefpersonen zaten wél snel met iets anders omhoog: het middel bleek de doorstroming van het bloed bij seksuele prikkels te verbeteren, waardoor ze makkelijker een erectie konden krijgen en houden. Pfizer herkende de potentiële markt meteen en gooide het onderzoek volledig om. De introductie van Viagra in 1998 leidde tot een ware revolutie voor mannen met potentieproblemen. De blauwe diamantvormige pil behoort nog altijd tot de internationale top 100 van meest verkochte geneesmiddelen.

Band Aid

Pansement adhésif / Pleister

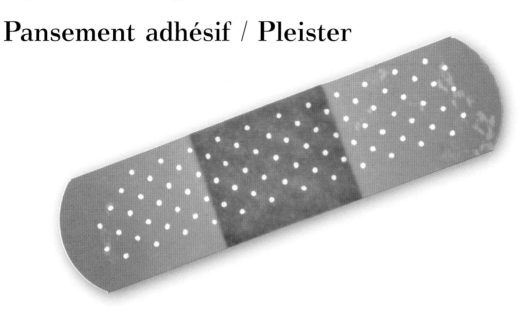

The invention of the band aid was a blessing in disguise. In 1920, when Earle Dickson married Josephine Knight in New Jersey, it soon became clear that his new wife was not to be trusted with knives. After a while, he was so fed up with having to dress new wounds every day with fiddly tape and disproportional sized pieces of cotton gauze that he decided to pre-cut some band-aids, ready for his wife to apply herself. He folded gauze, stuck it to strips of tape and covered it with crinoline in order to avoid it sticking together. The invention worked and his wife was delighted. The story would probably have come to an end here, if it weren't for the fact that Dickson was a cotton buyer with the farmaceutical company Johnson & Johnson. His boss was as excited as Josephine, took the band aid into production and soon made Dickson vice-president. It is impossible to imagine life today without self-adhesive bandages.

Le pansement adhésif est une heureuse réponse à une situation désespérée. Lorsqu'en 1920, dans le New Jersey, Earle Dickinson épousa Josephine Knight, il comprit vite qu'en cuisine, sa compagne était un vrai danger public. Excédé de devoir chaque jour soigner les petites blessures de son épouse à l'aide de compresses de gaze disproportionnées et de sparadrap peu pratique, il mit au point des pansements adhésifs faciles d'utilisation. C'est ainsi qu'il plia et colla de la gaze sur des morceaux d'adhésif, puis qu'il recouvrit chaque pièce d'une couche de crinoline pour éviter qu'elles ne collent les unes aux autres. Son invention fonctionna à merveille et son épouse fut ravie. Portant cette anecdote à la connaissance de son patron, responsable de la firme pharmaceutique Johnson & Johnson, Dickinson ne se doutait pas des conséquences de sa trouvaille ; il se retrouva bientôt vice-président de l'entreprise qui produisait en série son concept de pansement adhésif.

De pleister was een uitvinding die kwam als een geluk bij een ongeluk. Toen Earle Dickson in 1920 in New Jersey huwde met Josephine Knight, werd hem al snel duidelijk dat zijn kersverse vrouw niet bij een mes in de buurt kon komen zonder zichzelf te snijden. Na een tijdje werd hij het zo beu dagelijks wondjes te moeten verzorgen met onhandige tape en veel te grote katoengaasjes, dat hij besloot pleisters voor te bereiden die zijn vrouw zélf kon aanbrengen. Hij vouwde en plakte katoengaas op stroken tape en overdekte het geheel met crinoline om te vermijden dat alles aan elkaar begon te plakken. De uitvinding werkte en zijn vrouw was in de wolken. Het verhaal zou hier wellicht gestopt zijn als Dickson niet toevallig katoeninkoper geweest was bij farmabedrijf Johnson & Johnson. Zijn baas bleek al even enthousiast als Josephine, nam de pleister in productie en maakte Dickson even later vice-president. Zelfklevend wondverband is tegenwoordig niet meer weg te denken uit ons dagelijks leven.

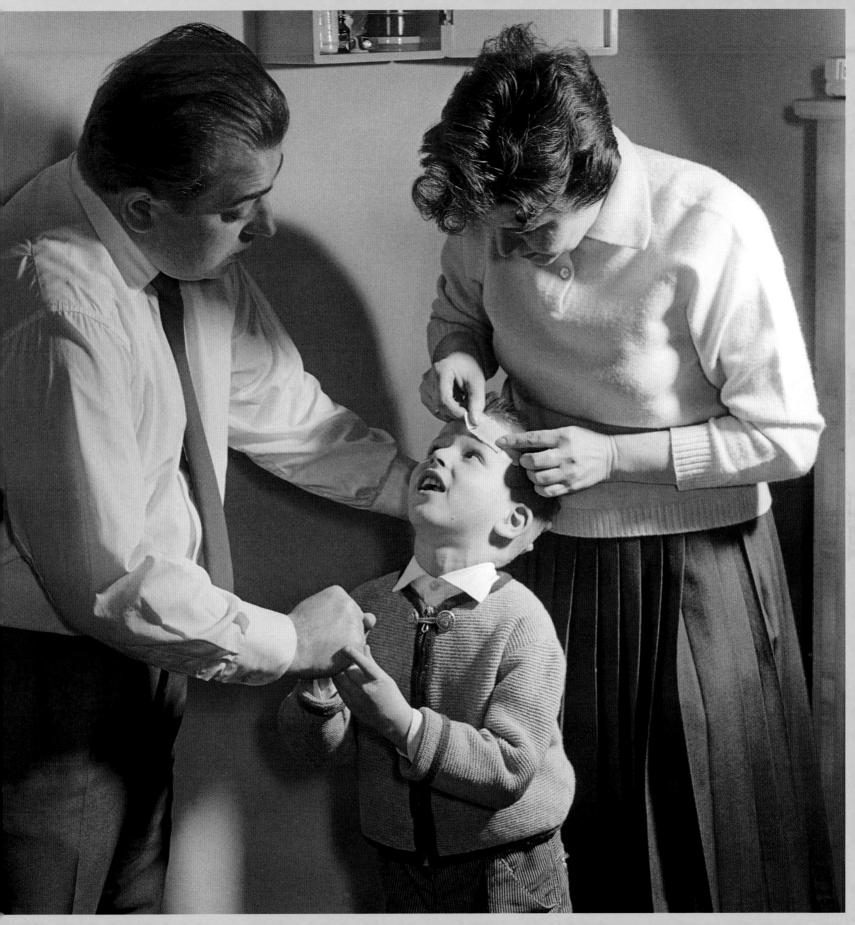

Rubber Gloves

Gants de caoutchouc / Gummihandschoenen

The invention of the rubber glove was inspired by... love. In 1889, when surgical nurse Caroline Hampton from the Johns Hopkins hospital in Baltimore suffered from eczema due to the liquids that she had to use to disinfect her hands and sterilize instruments, the madly in love chief surgeon William S. Halsted felt it an honor to resolve her problem. He sent a plaster cast of her hands to the Goodyear Rubber Company and ordered latex gloves that were resistant to heat and chemicals. His strategy worked: the eczema disappeared and they married in 1890. Not until six years later, Halsted discovered that the sterile gloves were more efficient for controlling contact infection than the time-consuming chemical baths used at the time. He ordered himself some that were thinner and elastic, like a second skin. Since then, every surgeon uses gloves and in the early 20th century, they also started to appear in other fields such as the cleaning industry.

La découverte des gants de caoutchouc est le fruit d'une émouvante histoire d'amour. Lorsqu'en 1889, Caroline Hampton, une infirmière instrumentiste à l'hôpital John Hopkins de Baltimore, fut atteinte d'eczéma à cause des produits qu'elle devait utiliser pour stériliser les instruments et se désinfecter les mains, le chirurgien William S. Halsted, éperdument amoureux d'elle, mit un point d'honneur à résoudre son problème. Envoyant un moulage des mains de sa belle à la Goodyear Rubber Company, il commanda des gants en latex sur mesure, résistant à la chaleur et aux produits chimiques. Sa stratégie fut payante : l'eczéma disparut et les deux tourtereaux convolèrent un an plus tard. Constatant peu à peu que les gants stériles étaient plus efficaces contre la contamination que n'importe quel produit chimique utilisé, il en commanda pour lui-même, plus minces et plus élastiques, à la manière d'une seconde peau. Les gants de protection font désormais partie de l'équipement de base du chirurgien et sont également employés, depuis le début du XXᵉ siècle, dans d'autres secteurs tels que l'industrie du nettoyage.

De uitvinding van de rubberen handschoen werd geïnspireerd door… de liefde. Toen operatiezuster Caroline Hampton van het Johns Hopkinsziekenhuis in Baltimore in 1889 eczeem kreeg van de stoffen die ze moest gebruiken om haar handen te ontsmetten en instrumenten te steriliseren, maakte de verliefde hoofdchirurg William S. Halsted er een erezaak van om haar probleem op te lossen. Hij zond een gipsafdruk van haar handen naar de Goodyear Rubber Company en bestelde latex handschoenen bestand tegen hitte en chemicaliën. Zijn strategie werkte: het eczeem verdween en in 1890 trouwden ze. Pas zes jaar later ontdekte Halsted dat de steriele handschoenen efficiënter waren in het bestrijden van contactbesmetting dan de omslachtige chemicaliënbaden die tot dan toe gebruikelijk waren. Hij bestelde ze ook voor zichzelf, maar dan dunner en rekbaar, als een tweede huid. Sindsdien maken handschoenen deel uit van de basisuitrusting van elke chirurg, en vanaf het begin van de 20ste eeuw begonnen ze ook op te duiken in andere vakgebieden, zoals de schoonmaakindustrie.

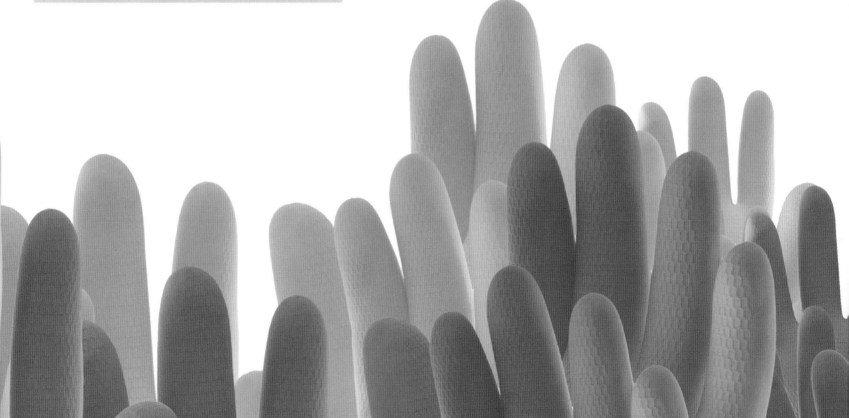

④EVERYD

VIE QUOTIDIENNE

AY LIFE
DAGELIJKS LEVEN

Superglue

Colle instantanée / Secondelijm

1942

In 1942, Dr. Harry Coover from Kodak Laboratories was desperately trying to find an ultra transparent type of plastic to use in precision gun sights when he discovered cyanoacrylate. Fully unaware of the fact that he had just invented one of the most versatile types of glue ever and frustrated by its fast action and extreme stickiness, he threw it away and carried on working. Only years later, during new research, he remembered the substance and realized its unique properties. Together with his team, he tried out the glue on all types of surfaces and without fail, heating up or pressure, the result would be permanent adhesion. Although it was brought onto the market in 1958 under the name Eastman 910, it became widely known as super glue.

En 1942, Harry Cover, des Laboratoires Kodak, cherchait à mettre à jour un plastique transparent pour la lunette de visée des fusils des tireurs d'élite. Il découvrit le cyanoacrylate. Frustré par l'intensité du pouvoir adhésif de cette substance et sans se douter le moins du monde qu'il venait de créer une colle universelle qui deviendrait la plus utilisée au monde, il s'en désintéressa aussitôt pour se concentrer sur d'autres recherches. Ce n'est que quelques années plus tard qu'il se remémora cette expérience et qu'il la reconsidéra. Aidé par son équipe, il testa alors la glu sur toutes sortes de supports et démontra son incroyable capacité de fixation permanente. Apparue en 1958 sur le marché, sous le nom de Eastman 910, elle devint bientôt mondialement connue sous les appellations "super glu" et "colle instantanée".

Dr. Harry Coover van Kodak Laboratories was in 1942 wanhopig op zoek naar een extra doorzichtige plasticsoort die gebruikt kon worden in viziers voor scherpschuttergeweren, toen hij cyanoacrylaat ontdekte. Zich volledig onbewust van het feit dat hij net een van de meest veelzijdige lijmsoorten aller tijden uitgevonden had en gefrustreerd door de snelle werking en extreme plakkerigheid van het spul, gooide hij het weg en zwoegde hij verder. Pas jaren later, in de loop van een nieuw onderzoek, herinnerde hij zich het goedje en begon hij de unieke eigenschappen ervan in te zien. Samen met zijn team probeerde hij de lijm uit op alle mogelijke ondergronden en keer op keer zorgde deze zonder verhitting of druk voor een permanente binding. Hoewel het in '58 op de markt gebracht werd onder de benaming Eastman 910, verwierf het goedje wereldwijde bekendheid als super glue of secondelijm.

Post-it

Post-it / Post-It

In 1968, 3M scientist Dr. Spencer Silver was looking for a strong adhesive when he stumbled across a glue that hardly stuck at all and took an excruciatingly long time to dry. The product was put to rest in the 3M archives and would have stayed there, if it had not been for Arthur Fry. He sang in the church choir and was in search for a bookmark for his hymnal that would neither fall out nor damage it. Using Spencer's glue, he produced small notes that adhered to the book. Convinced of the brilliance of his idea, he gave some samples to his colleagues. They hardly ever used them as bookmarks, but all the more as a form of communication. Written notes appeared in files, on telephones and on doors. It wasn't until 1980 however that the yellow squares made it onto the market. Currently, Post-Its rank in the top five of most popular office supplies.

En 1968, Spencer Silver, chercheur chez 3M, cherchait à développer une matière adhésive résistante. Contre toute attente, il mit au point une colle faiblement adhésive qui, de surcroît, séchait très lentement. D'abord abandonné, le produit fut repris cinq ans plus tard par Arthur Fry, un collègue de Sylver, qui y vit une alternative possible aux feuillets peu pratiques qu'il utilisait pour marquer son recueil de cantiques à l'église. À l'aide de cette colle, il fabriqua donc des marques pages faciles d'utilisation, tenant parfaitement au livre et pouvant être retirés sans abimer l'ouvrage. Il partagea sa trouvaille avec ses collègues qui l'employèrent bientôt pour communiquer entre eux et se laissant des notes sur les dossiers, les téléphones et les portes. Ce n'est qu'en 1980 que les blocs jaunes et carrés bien connus firent leur apparition. Aujourd'hui, les post-it comptent parmi les cinq fournitures de bureau les plus consommées.

3M-onderzoeker Dr. Spencer Silver was in 1968 op zoek naar een sterke kleefstof toen hij uitkwam op een lijm met weinig plakkracht, die nog eens uiterst traag opdroogde ook. Het product bleef vijf jaar liggen, tot collega Arthur Fry er een mogelijke oplossing in zag voor de bladwijzers die steeds maar uit zijn kerkgezangenboek bleven vallen. Met behulp van Spencers lijm fabriceerde hij kleine blaadjes die prima bleven zitten en er zonder het boek te beschadigen uitgenomen konden worden. Overtuigd van de genialiteit van zijn idee, gaf hij enkele velletjes aan zijn collega's. Maar al snel bleek dat ze de papiertjes veel minder als boekenlegger gebruikten, dan als communicatiemiddel. Briefjes met notities doken op in dossiers, op de telefoon en op deuren. Toch duurde het nog tot 1980 voor de geelgekleurde vierkante blokjes op de markt gegooid werden. Tegenwoordig horen Post-Its tot de top vijf van 's werelds populairste kantoorbenodigdheden.

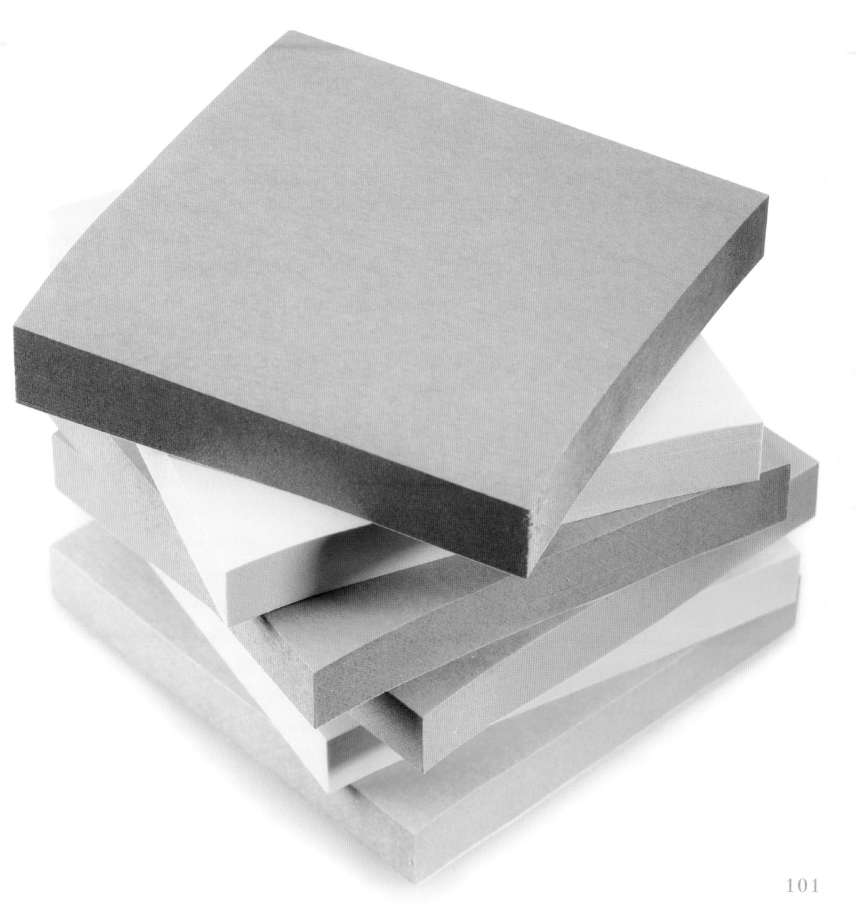

Safety Glass

Verre de sécurité / Veiligheidsglas

1903

Laminated safety glass was accidentally discovered in 1903 by the French scientist Eduard Benedictus. He was standing on a ladder taking ingredients for an experiment off a high shelve when he dropped a glass flask. Much to his surprise, he discovered that the glass was shattered but the pieces still hung together, more or less in their original contour. His assistant confessed that he had placed the flask back unwashed after an experiment with nitrocellulose, which had evaporated in the bottle. Later, when Benedictus read in the newspaper about a girl who was seriously injured in a car accident by flying glass, he remembered the incident. He developed laminated glass, existing of two glass layers with a cellulose interlayer and called his invention triplex. Safety glass was originally only incorporated in gas masks, but after WWI it was also used in cars, aviation and, more recently, the building industry.

Le verre laminé fut découvert en 1903 par le scientifique français Edouard Benedictus. Alors que celui-ci montait à une échelle pour retirer des produits stockés au dessus d'une armoire, il laissa tomber une cornue de verre qui se brisa à terre. À sa grande surprise, il constata que les morceaux gisant au sol étaient encore rattachés les uns aux autres, dans un assemblage proche de l'original. Se questionnant sur ce phénomène, il apprit que son assistant avait dernièrement rangé la cornue sans l'avoir lavée, après l'avoir utilisée pour une expérience avec du nitrate de cellulose. Lorsque Benedictus apprit plus tard dans un journal qu'une fillette fut grièvement blessée dans un accident de voiture par des éclats de verre, il se remémora l'incident. Il développa alors le verre laminé, qui consistait dans l'assemblage de deux couches de verre séparées par une couche de cellulose. Il nomma son invention "triplex". Le verre de sécurité ne fut tout d'abord employé que pour les masques à gaz lors de la Première Guerre mondiale ; par la suite, il fut adopté par l'industrie automobile et aéronautique, avant d'être récemment utilisé dans la construction.

Gelamineerd veiligheidsglas werd in 1903 per ongeluk ontdekt door de Franse wetenschapper Eduard Benedictus. Hij stond op een ladder ingrediënten voor een proef uit een hoge kast te nemen, toen hij een glazen kolf kapot liet vallen. Tot zijn grote verbazing zag hij dat de stukken op de grond nog aan elkaar hingen, min of meer in hun oorspronkelijke vorm. Zijn assistent bekende dat hij de kolf ongewassen terug had gezet na een experiment met cellulosenitraat, dat in de fles verdampt was. Toen Benedictus even later in de krant las dat een meisje bij een auto-ongeluk zwaar gewond was geraakt door rondvliegend glas, herinnerde hij zich het voorval. Hij ontwikkelde gelamineerd glas, bestaande uit twee glaslagen met daartussen een laag cellulose, en noemde zijn uitvinding triplex. Hoewel het veiligheidsglas tot lang na WOI enkel gebruikt werd in gasmaskers, werd het daarna vooral aangewend in de auto-industrie, de luchtvaart en - meer recent - in de bouw.

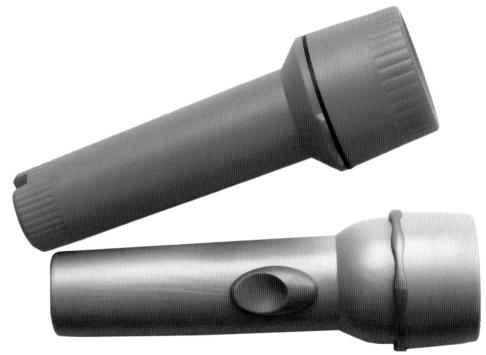

Flashlight

Lampe de poche / Zaklamp

The flashlight started off as decorative lighting for pot plants. Inventor Joshua Lionel Cowen designed the gadget in 1895 as a metal tube containing a bulb on one side and a battery that could power it for 30 days on the other side. One year later, when it was clear the product was a flop - like most of Cowen's inventions - he was forced to sell his business and patents a year later to business man Conrad Hubert. He separated the lamp with battery from the pot and started selling the batteries and lamps both together and separately. The 'portable electric lights' were going like a bomb and earned him a fortune. Today, flashlights are used all over the world.

À l'origine, la lampe de poche consistait en un éclairage décoratif pour les plantes d'appartement. Joshua Lionel Cowen créa ce gadget en 1895, constitué d'un tube de métal comportant à ses extrémités une lampe et une pile. Reliés entre eux, ces éléments permettaient à l'ampoule une fonctionnalité de trente jours. À l'image de la plupart des inventions de J.L.Cowen, ce produit ne rencontra aucun succès, obligeant bientôt ce dernier à vendre sa petite entreprise et ses brevets à un homme d'affaires. C'est ainsi que Conrad Hubert, un financier, commercialisa l'invention : "l'éclairage électrique portatif" était né ; il continue aujourd'hui d'être utilisé dans le monde entier.

De zaklantaarn begon zijn leven als decoratieve verlichting voor potplanten. Uitvinder Joshua Lionel Cowen ontwierp het gadget in 1895 als een metalen buisje met aan weerskanten een lamp en een batterij die deze 30 dagen lang kon laten branden. Toen het product - zoals de meeste van Cowens uitvindingen - niet aansloeg, zag hij zich een jaar later verplicht zijn bedrijfje en patenten te verkopen aan zakenman Conrad Hubert. Deze scheidde de lamp met batterij van de pot en begon de batterijen en lampen zowel samen als apart te verkopen. De 'draagbare elektrische lichten' liepen als een trein en brachten hem een fortuin op. Tegenwoordig worden zaklampen overal ter wereld gebruikt.

"My invention can be exploited... as a scientific curiosity, but apart from that it has no commercial value whatsoever."

Auguste Lumière about the motion picture camera he invented in 1895

Kleenex

1924

Kleenex / Kleenex

The word 'Kleenex' was not always a synonym for disposable tissue. The main material cellucotton was originally used during WWI as a replacement for cotton in gas masks. In 1924, after the war, Kimberly-Clark marketed the material in the US as facial tissues to remove makeup. Many letters were sent to the company by women who loved the product, but who found it unfortunate that their husbands and children used the tissues to blow their noses. When research indicated that approximately 60% of customers used Kleenex for this purpose, the product was launched for a third time in 1930, this time as disposable handkerchief. Sales doubled. All over the world, disposable tissues are now more popular than cotton handkerchiefs. Kleenex is made in 30 and marketed in more than 170 countries.

Le mot "Kleenex" n'a pas toujours été synonyme de mouchoir jetable. Son matériau principal, le "cellucoton", fut d'abord employé pendant la Première Guerre mondiale dans les masques à gaz, comme une alternative à l'ouate de coton. Après la guerre, en 1924, ces bouts de tissu furent lancés comme outils démaquillants aux États-Unis sous l'enseigne Kimberly-Clark. De l'abondante correspondance reçue des consommatrices, il ressortit que les femmes étaient emballées, mais déploraient que leurs maris et leurs enfants y trouvent un délicat tissu dans lequel se moucher... Une enquête révéla bientôt que 60% des consommateurs l'utilisaient effectivement à cet effet. Une troisième utilisation fut donc trouvée au "cellucoton" : les Kleenex furent bientôt lancés comme des mouchoirs jetables et doublèrent immédiatement les ventes de la firme. Aujourd'hui, les Kleenex ont remplacé les mouchoirs en tissu, et sont distribués dans plus de 170 pays.

Het woord 'Kleenex' heeft niet altijd synoniem gestaan voor wegwerpzakdoek. De grondstof cellucotton werd oorspronkelijk tijdens WOI ontworpen als alternatief voor katoenwatten in gasmaskers. Na de oorlog, in 1924, werden de doekjes door Kimberly-Clark in de Verenigde Staten op de markt gegooid als afschminkdoekjes. Uit de vele brieven die het bedrijf bereikten, bleek dat vrouwen dol waren op het product, maar dat ze het betreurden dat mannen en kinderen het nodig vonden om hun neuzen in de doekjes te snuiten. Toen onderzoek uitwees dat zo ongeveer 60% van de klanten de doekjes voor dit doel gebruikte, werd het product in 1930 een derde maal op de markt gebracht, ditmaal als wegwerpzakdoek. De verkoop verdubbelde. Vandaag de dag hebben wegwerpzakdoekjes de katoenen zakdoek wereldwijd in populariteit overtroffen. Kleenex wordt in 30 landen gemaakt en in meer dan 170 te koop aangeboden.

Matches

1827

Allumettes / Lucifers

The first usable match is thought to have been created purely by accident. In 1827, The British chemist John Walker was trying to create a new explosive by mixing antimony sulfide and potassium chlorate, when he was called away. Upon his return, he noticed that the mixture had formed a hard lump on top of the stirrer. And when he tried to remove it by scraping it over the floor, he was astonished to see the whole thing catch fire. The match stick was born! Walker's 'congreves' were in great demand and when he died in 1859, he left a modest fortune. Today, matches are made from different materials but the concept still remains a hit: worldwide, approximately 500 billion matches are used every year.

La première allumette est, dit-on, le fruit d'un pur hasard. En 1827, le chimiste britannique John Walker était occupé à la recherche d'un nouvel explosif. Appelé à l'extérieur, il laissa sur son plan de travail la mixture qu'il était en train de concocter à base de sulfure d'antimoine et de chlorate de potassium. À son retour, il remarqua qu'un petit renflement s'était formé sur la pointe du mélangeur. Quelle ne fut pas sa surprise lorsque, essayant d'éliminer ce résidu en la raclant au sol, le bâtonnet prit feu ! L'allumette était née. Les petites "lumières à frotter" de Walker s'écoulèrent comme des petits pains et ce dernier mourut en 1859 à la tête d'une petite fortune. De nos jours, l'allumette est parfois fabriquée avec d'autres matériaux, mais reste toujours aussi populaire : on évalue à 500 milliards le nombre d'allumettes utilisées chaque année dans le monde.

De eerste bruikbare lucifer was naar verluidt een product van puur toeval. De Britse chemicus John Walker was tijdens een zoektocht naar een nieuwe springstof in 1827 antimoonsulfide en kaliumchloraat aan het mengen, toen hij weggeroepen werd. Bij zijn terugkeer merkte hij dat het mengsel een verharde kleine bobbel bovenop zijn roerstok gevormd had. Toen hij probeerde deze te verwijderen door de stok over de grond te schrapen, vatte het hele ding tot zijn grote verbazing vuur. De lucifer was geboren! Walkers 'wrijflichtjes' vonden gretig aftrek en toen hij in 1859 stierf had hij een bescheiden vermogen verzameld. Lucifers worden vandaag de dag weliswaar met behulp van andere stoffen aangemaakt, maar het concept is nog altijd een hit: wereldwijd worden er ongeveer 500 miljard lucifers per jaar gebruikt.

Rear-view Mirror

1911

Rétroviseur / Achteruitkijkspiegel

The rear-view mirror started its career on a race track. Early 20th century, it was common practice for a mechanic to sit in the back of a racing car in order to keep an eye on the pursuer. When, in 1911, Ray Harroun could not find anyone to join him in his Marmon race car during the Indianapolis 500 race, he installed a mirror on his car so he could see himself what was happening behind him. He was allowed to take part and won the race. His invention was commercialized in 1914. Now, every car comes as standard with a rear-view mirror.

Le rétroviseur fut utilisé pour la première fois sur un circuit de course automobile. Au début du XXᵉ siècle, il était habituel que les coureurs soient accompagnés, à l'arrière de leur véhicule, d'un mécanicien chargé de les informer sur les mouvements de leurs adversaires. Ray Harroun, n'ayant trouvé personne pour l'accompagner lors des *500 Miles d'Indianapolis* de 1911, installa un miroir à l'avant de sa voiture afin de pouvoir surveiller lui-même ses arrières. Il reçut ainsi l'autorisation de participer à la course, et la remporta. La commercialisation de son invention intervint dès 1914 et de nos jours, l'ensemble des véhicules sont équipés de rétroviseurs.

De achteruitkijkspiegel begon zijn carrière op een raceparcours. Aan het begin van de 20ste eeuw was het gebruikelijk voor racers om achterin een mechanicus mee te nemen die kon beschrijven wat hun achtervolgers van plan waren. Toen Ray Harroun in 1911 tijdens de Indianapolis 500 race niemand vond die wilde meerijden met zijn Marmon-racewagen, installeerde hij een spiegel op zijn auto zodat hij zélf kon zien wat er achter hem gebeurde. Hij kreeg de toestemming om deel te nemen en won de race. De commercialisering van zijn uitvinding volgde in 1914. Tegenwoordig is elke auto, zonder uitzondering, uitgerust met een achteruitkijkspiegel.

Dog Guide

Chien guide d'aveugle / Blindgeleidehond

It is not clear when exactly the idea arose for dogs to help out the blind. In the history of literature and art, several examples can be found referring to unique dogs helping their blind owners. However, it wasn't until WWI that the first guide dog training schools were founded. Thousands of German soldiers were left visually impaired or blind during this war as a result of mustard gas attacks. When German Doctor Gerhard Stalling was called away during a walk with one of his patients, he ordered his German Shepherd to keep the man company. He was surprised to see that the man and dog had continued their walk in his absence. Stalling realized this was the solution for the German problem and in 1916, opened the world's first guide dog training school. His concept became a standard for every guide dog training school.

Nul ne sait précisément à quand remonte l'idée d'utiliser les chiens comme guides d'aveugles. Dans l'histoire de la littérature et des arts apparaissent à plusieurs reprises des cas isolés de chiens portant assistance à leurs maîtres aveugles. Il fallut attendre la Première Guerre mondiale pour que naisse l'idée d'une formation spécifique de ces animaux. Pendant le conflit, des milliers de soldats allemands perdirent la vue, à cause notamment des attaques au gaz moutarde. Le médecin allemand Gerhard Stalling fut un jour appelé en urgence alors qu'il faisait une promenade avec un patient aveugle. Il confia à son berger allemand le soin de veiller sur ce dernier. À son retour, Stalling eut la surprise de constater que l'homme et le chien avaient poursuivi leur marche en son absence. Il entrevit la solution au problème qui se posait dans son pays, et ouvrit en 1916 la première école pour chiens d'aveugles. Son concept devint une référence, et les centres de formation se multiplièrent dans le monde.

Wanneer precies het idee ontstaan is om honden te gebruiken als hulp voor blinden, is onduidelijk. In de geschiedenis van de literatuur en de kunst duiken meermaals verwijzingen op naar unieke exemplaren die hun blinde baasjes bijstonden. Toch duurde het tot WOI voor het idee van een opleiding voor blindgeleidehonden geboren werd. Tijdens deze oorlog verloren duizenden Duitse soldaten hun zicht gedeeltelijk of volledig ten gevolge van mosterdgasaanvallen. Toen de Duitse Dokter Gerhard Stalling tijdens een wandeling met een van deze patiënten weggeroepen werd, beval hij zijn Duitse herdershond de man gezelschap te houden. Bij zijn terugkeer waren hond en man echter een stuk verder gewandeld. Stalling zag hierin een oplossing voor het Duitse probleem en opende in 1916 's werelds eerste school voor blindgeleidehonden. Zijn concept werd een maatstaf voor geleidehondenscholen wereldwijd.

"Imagination is more important than knowledge."

Albert Einstein (1879-1955),
German inventor

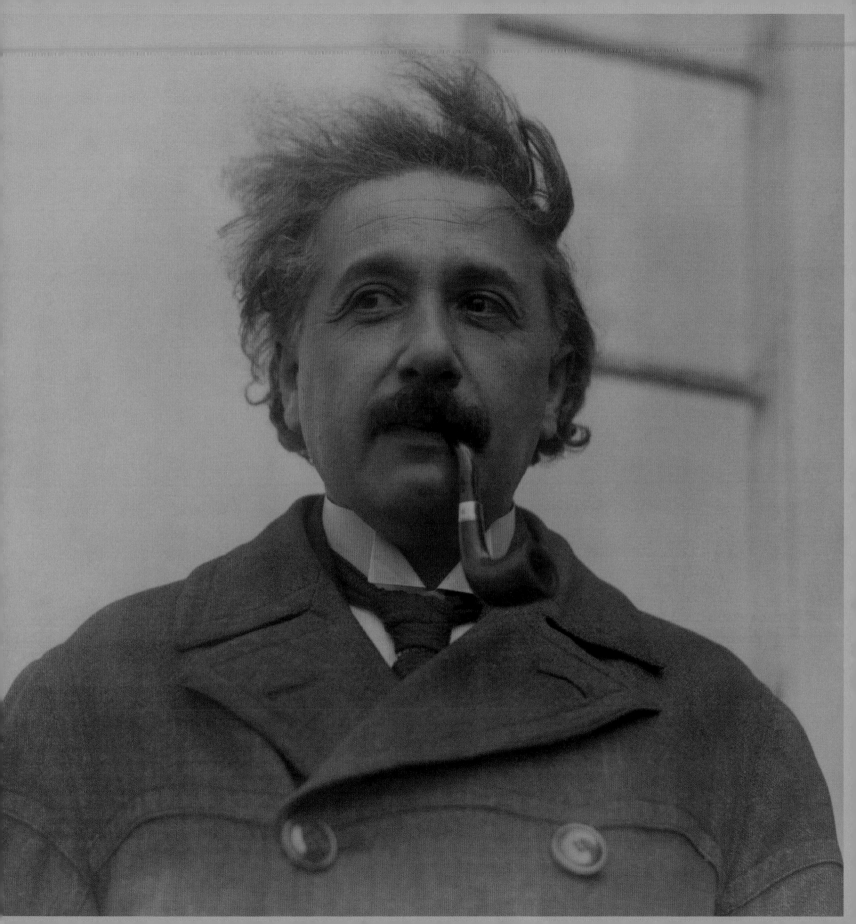

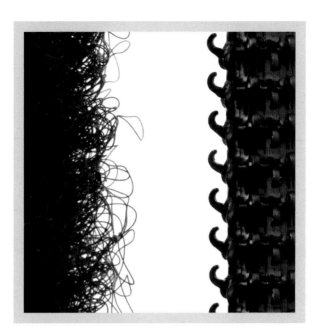

Velcro

Velcro / Klittenband

In 1941, electrical engineer Georges de Mestral wasn't looking for inspiration when he went on a hunting trip with his dog but what he returned with would lead him to an invention that would change his life. The fur of this dog and his socks were covered in burrs (seed) of burdock. After he had removed them with great difficulty, he examined one under a microscope and noted their hundreds of microscopic hooks that caught on anything with loops. De Mestral saw the possibility of a strong, lasting and easy to use fastener. In 1949, he discovered that, when sewn under infrared light, nylon forms small but tough hooks that easily fasten onto soft polyester material. He called his invention velcro, after the French words velours (velvet) and crochet (hook). The revolutionary fastening system was commercialized in 1959 and is still used in a huge range of products.

L'électrotechnicien Georges de Mestral ne cherchait guère l'inspiration lorsqu'il partit chasser avec son chien en 1941 ; pourtant, ce qu'il ramena à la maison ce jour-là le mit sur la piste d'une trouvaille qui allait changer sa vie. Ses chaussettes, de même que les poils de son chien, étaient totalement incrustés de capitules de bardane, une plante particulièrement tenace. Après les avoir retirées une à une, sa curiosité le poussa à observer les petites boules récupérées sous son microscope. Il y distingua alors des centaines de crochets minuscules, capables de s'agripper à n'importe quel objet rugueux. De Mestral vit là une idée lumineuse à exploiter pour mettre au point une fermeture robuste, durable et facile d'utilisation. C'est ainsi qu'il découvrit, en 1949, que le nylon cousu sous une lumière infrarouge se divisait en crochets, petits mais résistants, ayant pour caractéristique de se fixer aisément sur un tissu en polyester plus lisse. Il nomma son invention "velcro", mixant habilement les mots français "velours" et "crochet". Lancé sur le marché en 1959, ce système de fermeture révolutionnaire connait aujourd'hui de multiples usages.

Elektrotechnicus Georges de Mestral was niet op zoek naar inspiratie toen hij in 1941 met zijn hond ging jagen, maar wat hij mee naar huis bracht, zette hem op het spoor van een uitvinding die zijn leven zou veranderen. De vacht van zijn hond en zijn sokken bleken immers vol te hangen met zaaddozen van de distelsoort klit. Nadat hij ze met veel moeite verwijderd had, was hij geïntrigeerd genoeg om er eentje onder een microscoop te leggen. Wat hij zag, waren honderden microscopisch kleine haakjes, die zich probleemloos vasthechtten aan alles wat uit lusjes bestond. De Mestral zag er een prima idee in voor een krachtige, duurzame en gemakkelijk te bedienen sluiting. In 1949 ontdekte hij dat onder infrarood licht genaaid nylon kleine maar taaie haakjes vormt, die zich gemakkelijk hechten aan een zachtere polyester stof. Hij noemde zijn uitvinding velcro, naar de Franse woorden velours (fluweel) en crochet (haakje). Het revolutionaire sluitingssysteem werd in 1959 op de markt gebracht en wordt nog altijd wereldwijd gebruikt in een divers gamma aan producten.

Blotting Paper

Papier buvard / Vloeipapier

Since the introduction of the ballpoint and later on the pc, blotting paper had become superseded, but those of you who remember writing with an old-fashioned fountain pen at school, will remember the pink sheets full of inkblots, hidden in diaries and notebooks. According to a British legend in 1465, this ultra absorbent paper was accidentally invented when they forgot to add glue to the paper mixture at the paper mill at Lyng Mill in Norfolk. In the older days, ink was dried by sprinkling sand over the sheet of paper.

Avec l'arrivée du stylo à bille, puis de l'ordinateur, le papier buvard semble être devenu un produit du passé. Pourtant, pour tous ceux qui à l'école ont écrit avec un stylo plume, il évoque inévitablement ces feuilles roses pleines de taches d'encre que l'on glissait dans les cahiers. Si l'on en croit une légende britannique, ce papier ultra absorbant serait apparu en 1465, au moulin à papier Lyng Mill de Norfolk, lorsqu'on oublia d'ajouter de la colle à la préparation de la pâte à papier. Dans des temps plus anciens encore, on séchait l'encre en saupoudrant du sable sur les feuilles.

Sinds de introductie van de balpen en later de PC is vloeipapier een voorbijgestreefd product geworden, maar wie op school ooit met een ouderwetse vulpen geschreven heeft, herinnert zich vast nog de roze vellen vol inktvlekken die zich schuilhielden in agenda's en schriften. Deze papiersoort met zeer hoog absorptievermogen werd volgens een Britse legende in 1465 per vergissing ontwikkeld, toen men in de papiermolen Lyng Mill in Norwolk lijm vergat toe te voegen aan een partij papierdeeg. In vroegere tijden werd een met inkt beschreven vel papier gedroogd door er zand overheen te strooien.

Abstract art

1910

Art abstrait / Abstracte kunst

The well-known Russian expressionist painter Wassily Kandinsky is regarded as the founder of abstract painting. According to a popular anecdote, one evening when he arrived back home at his studio apartment in Munich, he noticed a strange and unrecognizable image of 'unusual inner beauty'. He soon found out that it was one of his own figurative paintings, standing up side down on an easel. It is said that this experience convinced him of the powers of full abstraction.

Le peintre expressionniste russe, Wassily Kandinsky, est considéré comme le père de l'abstraction en peinture. Selon une anecdote populaire, il aurait vu un soir, en entrant dans son studio de Munich, une image inconnue "d'une beauté inhabituelle qui semblait rayonner de l'intérieur". Il comprit bientôt qu'il s'agissait de l'une de ses toiles figuratives, posée simplement à l'envers sur un chevalet. C'est cette expérience qui le convainquit, dit-on, de la force de l'abstraction en art.

De bekende Russische expressionistische schilder Wassily Kandinsky wordt beschouwd als de stichter van de abstracte schilderkunst. Volgens een populaire anekdote zag hij op een avond, toen hij zijn Münchense studio binnenwandelde, een vreemd en onherkenbaar beeld van "ongewone schoonheid, dat van binnenuit leek te stralen". Hij kwam er snel achter dat het een van zijn eigen figuratieve schilderijen was, dat op zijn kop op een schildersezel was gezet. Deze ervaring overtuigde hem naar verluidt van de kracht van de volledige abstractie.

eBay

1995

eBay, site de vente aux enchères / Veilingsite eBay

According to a popular Silicon Valley myth, the world's most famous online auction site owes its existence to the Austrian Pez dispensers with heads of toy characters that are mainly collected in the US. In 1995, Pez fan Pam Wesley would have mentioned to her fiancé Pierre Omidyar that it was such a shame that she hadn't met any other Pez collectors yet since their move to Silicon Valley. This would have inspired the thoughtful IT professional to create an exchange site for her on the infant internet, developing a code for what would later become eBay. The history of eBay as described above created a likable face until in 2002, when the by now wealthy eBay founder had to admit that it had been a PR stunt and that the very first object traded via the site was not a Pez dispenser but a broken laser pen.

Une légende très répandue dans la Silicon Valley raconte que le premier site de vente aux enchères sur Internet doit son existence aux distributeurs de pastilles autrichiennes Pez. Les boitiers Pez, dotés de couvercles à l'effigie de personnages célèbres, font en effet l'objet de collections aux États-Unis. Pam Wenzley, grande admiratrice de l'enseigne, aurait un jour glissé à son fiancé, Pierre Omidyar, qu'elle regrettait de ne plus pouvoir échanger ses boites depuis leur emménagement dans la région. Attentionné, ce professionnel des technologies de l'information aurait ainsi été incité à créer un site d'échanges sur Internet, dessinant les grandes lignes de ce qui deviendrait bientôt eBay. Les circonstances de son invention insufflèrent un temps à la marque une image sympathique, jusqu'à ce que son inventeur richissime ne soit contraint d'avouer, en 2002, que cette histoire n'était qu'un stratagème de communication. Dans la réalité, le premier objet échangé sur eBay était, non pas un distributeur de bonbons Pez, mais un pointeur laser défectueux.

Volgens een populaire Silicon Valley-legende dankt 's werelds belangrijkste internetveilinggroep haar ontstaan aan Pez-pop-petjes, de Oostenrijkse snoepjeshouders met de hoofden van bekende figuurtjes die vooral in de Verenigde Staten verza-meld worden. Pez-fanate Pam Wesley zou zich in 1995 tegen haar verloofde Pierre Omidyar hebben laten ontvallen dat ze het jammer vond dat ze sinds hun verhuis naar Silicon Valley nog geen andere Pez-verzamelaars gevonden had om mee te ruilen. Dit zou de attente IT-professional er op zijn beurt toe hebben aangezet om een ruilsite voor haar te creëren op het toen nog piepjonge internet, hierbij de code ontwikkelend voor wat later zou uitgroeien tot eBay.
Bovenstaande ontstaansgeschiedenis gaf eBay een bijzonder sympathiek gezicht, tot de inmiddels schatrijke eBay-oprichter in 2002 moest toegeven dat het om een pr-verzinsel ging en dat het échte eerste verhandelde voorwerp via de site geen Pez-dispenser was, maar een kapotte laserpen.

Internet

1989

Internet / Internet

The founder of the worldwide web created something much bigger than he had anticipated. The internet was set up in 1989 by programmer Tim Berners-Lee as a worldwide communication tool for the internal and external employees of the Swiss physics research laboratory CERN. As much of the information gathered was doomed to disappear in files no one ever looked in, he designed a program, HTML, that was able to link these reports using hypertext. He assumed that everyone had a computer with an internet connection at their disposal but that the computers and operating systems varied greatly. On a whim, he decided to make the spider web technique available to everyone, on as many computers as possible all over the world. The internet has grown into a global communication source that connects billions of computers.

Le père du Web est à l'origine d'un système infiniment plus puissant que ce qu'il avait initialement imaginé. L'Internet fut ainsi inventé en 1989 par le programmeur Tim Berners-Lee, qui souhaitait développer un moyen de communication global pour les collaborateurs du laboratoire de recherche en physique du CERN, en Suisse. Percevant qu'une grande partie de l'information collectée risquait de se perdre dans des rapports qui n'aboutiraient nulle part, il développa un programme, le code HTML, capable de relier ces documents entre eux par le biais de l'hypertexte. À la base de sa recherche se trouvait le postulat suivant : tout le monde dispose d'un ordinateur équipé d'une connexion Internet, mais tous les systèmes de serveurs divergent considérablement les uns des autres. Dans un moment de génie, il pensa que chacun devrait pouvoir accéder à la technique de la "toile d'araignée", et ceci sur le plus grand nombre d'ordinateurs possible. Depuis, Internet est devenu un mode de communication universel, permettant de relier des milliards d'ordinateurs à travers le monde.

De vader van het wereldwijde web creëerde iets veel groters dan hij van eigenlijk plan was. Het internet werd in 1989 door programmeur Tim Berners-Lee opgezet als wereldwijd communicatiemiddel voor interne en externe medewerkers aan het Zwitserse natuurkundige onderzoekslabo CERN. Omdat veel van de ingezamelde informatie verloren dreigde te gaan in verslagen die niemand te zien kreeg, ontwierp hij een programma, HTML, dat deze rapporten met elkaar kon verbinden door middel van hypertext. Hij ging er hierbij vanuit dat iedereen wel over een computer met internetverbinding beschikte, maar dat de gebruikte computers en bedieningssystemen sterk uiteenliepen. In een geniale ingeving besloot hij om die spinnenwebtechniek voor iedereen toegankelijk te maken op zoveel mogelijk computers, wereldwijd. Het internet is intussen uitgegroeid tot een wereldwijd communicatiemiddel dat miljarden computers met elkaar verbindt.

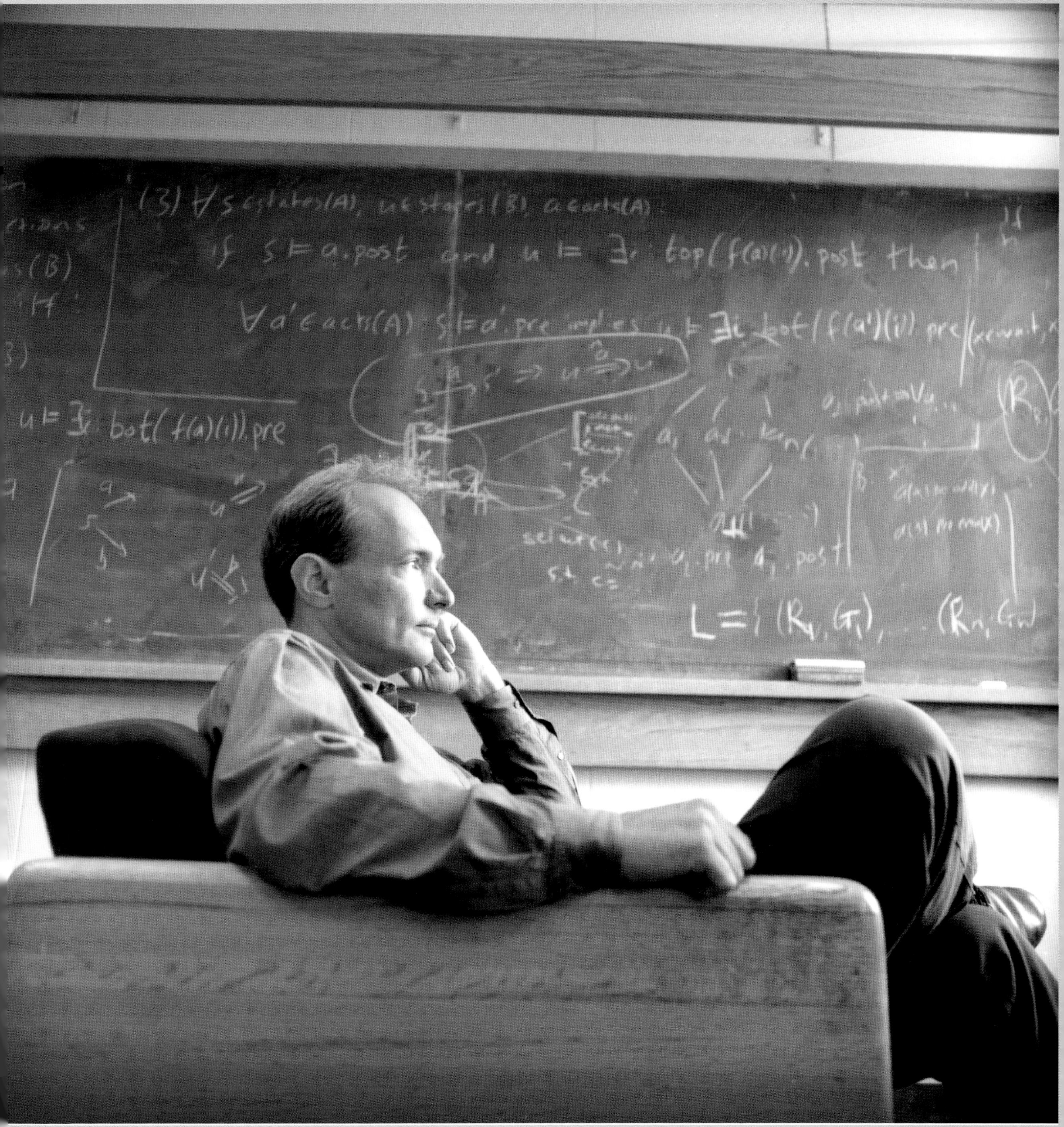
if s ⊨ a.post and u ⊨ ∃i top(f(a)(i)).post then
u ⊨ ∃i bot(f(a)(i)).pre

Phonograph

Phonographe / Fonograaf

1877

Thomas Alva Edison wasn't sure what he was trying to invent when he discovered a way to reproduce sound on 12 August 1877. In an attempt to invent a machine that was able to record and replay telegraph messages, he had wrapped a cylinder with tinfoil and attached a funnel with a stylus. Whilst the cylinder rotated using a winder, the stylus made indentations in the foil with the rhythm of the sound. After the excitement of several successful tests, he had recited the opening verse of the nursery rhyme *Mary had a little lamb* into the machine and to his great surprise had heard his own words replayed. For a while, Edison assumed he had invented a tool to assist recording telephone conversations. In reality, the phonograph was a revolutionary invention that, as the prototype of the gramophone and later the record player and cd player, paved the way for an era of modern sound registration.

Thomas Alva Edison ne savait guère ce qu'il voulait obtenir lorsqu'il découvrit, le 12 août 1877, une manière de reproduire le son. Essayant de trouver une machine capable d'enregistrer et de répéter les signaux du télégraphe, il recouvrit un cylindre d'une feuille d'étain et y fixa un cornet pourvu d'une aiguille. Pendant qu'il faisait tourner le cylindre à l'aide d'un balancier, l'aiguille gravait des sillons dans la feuille d'étain, suivant le rythme des signaux reçus. Après une série d'essais concluants, il se mit à déclamer dans l'appareil la première phrase de la comptine *Mary had a little lamb* ; à sa grande surprise, il entendit quelques instants plus tard l'écho de ses propres paroles. Il crut tout d'abord avoir découvert un moyen d'enregistrer les conversations téléphoniques ; mais il prit bientôt la mesure de sa découverte. Le phonographe fut tout simplement une invention révolutionnaire. Précurseur du gramophone, ancêtre du tourne-disque, puis du lecteur de compact-disc, il constituait le premier pas vers l'enregistrement du son tel que nous le connaissons aujourd'hui.

Thomas Alva Edison wist niet goed waar hij naartoe wilde toen hij op 12 augustus 1877 een manier ontdekte om geluid te reproduceren. In een poging om een machine uit te vinden die telegraafsignalen kon vastleggen en herhalen, had hij een cilinder met tinfolie bekleed en daaraan een trechter met een naald bevestigd. Terwijl hij de cilinder met behulp van een slinger ronddraaide, etste de naald deukjes in de folie op het ritme van de signalen. Toen hij na een paar geslaagde tests in een opwelling de beginregel van het kinderrijmpje *Mary had a little lamb* in het apparaat declameerde, hoorde hij even later tot zijn grote verbazing de echo van zijn eigen woorden. Een tijdlang dacht Edison dat hij een hulpmiddel had uitgevonden voor het registreren van telefoongesprekken. In werkelijkheid was de fonograaf een revolutionaire uitvinding, die als voorloper van de grammofoon en later de platendraaier en cd-speler de eerste stap vormde naar het tijdperk van de moderne geluidsregistratie.

"Invention, in my opinion, arises directly from idleness, possibly also from laziness - to save oneself trouble."

Agatha Christie,
English mystery author
(1890-1976)

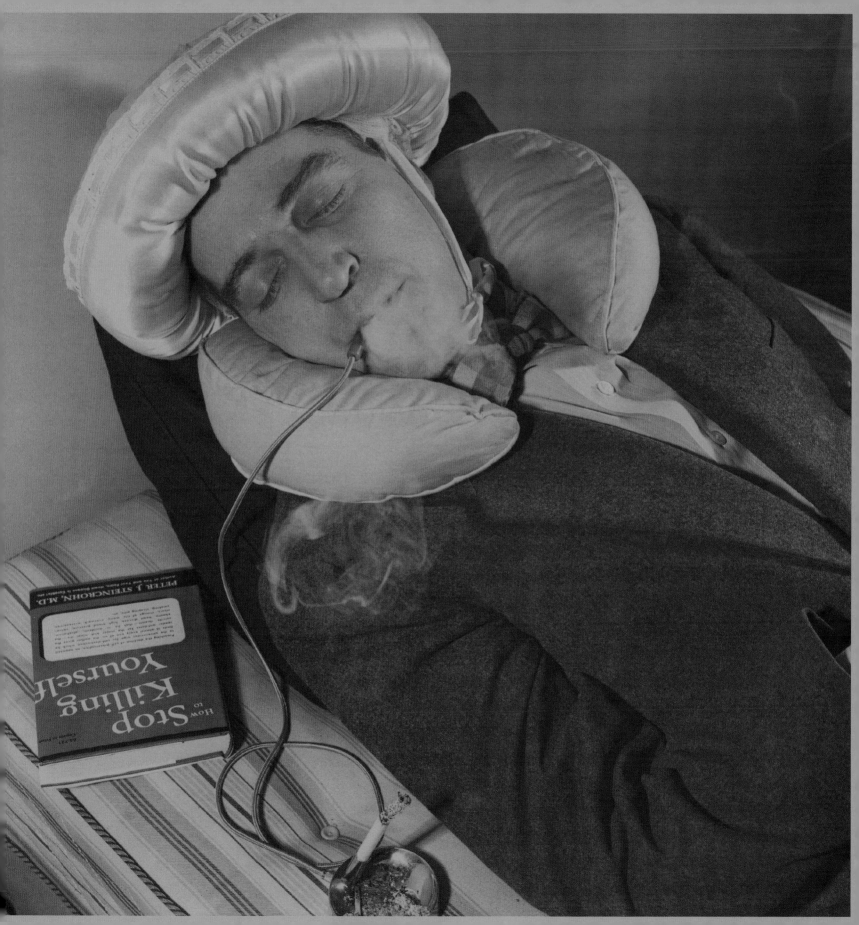

Typewriter

1872

Machine à écrire / Schrijfmachine

The world's first commercial and practical typewriter was invented as a machine to number pages. It took the American newspaper publisher and politician Latham Sholes several years of hard work to finally design such a machine when lawyer Carlos Glidden asked him point-blank why this thing wasn't able to type any letters. Sholes accepted the challenge, slaved away for a further five years and in 1872, delivered a useable typewriter that was commercialized the year after by the weapon and sewing machine manufacturer Remington. Although the typewriter wasn't an immediate success, it lay the foundations for the global automation of office work, switching from handwritten to typed and electronic documents. The QWERTY keyboard, worked out by Sholes to avoid frequently used keys from clashing, is still standard in most countries using the Latin alphabet.

La première machine à écrire commercialisée dans le monde était, à l'origine, un appareil à numéroter les pages. L'éditeur de journaux et politicien américain Latham Sholes réussit à faire évoluer cet instrument en machine à écrire après que l'avocat Carlos Glidden lui ait fait remarquer qu'il était dommage qu'il ne puisse écrire que des chiffres. Sholes releva le défi, y travailla pendant cinq ans, et aboutit en 1872 à une machine à écrire, qui fut bientôt produite en série par la firme Remington. Cette invention ne connut pas un succès immédiat, mais posa bel et bien les bases de l'automatisation mondiale en matière de bureautique. Une petite révolution en soi, qui eut pour conséquence de substituer les documents dactylographiés aux manuscrits. Le clavier QWERTY, imaginé par Sholes pour éviter que les touches les plus fréquemment utilisées ne se télescopent, reste la norme dans beaucoup de pays de langue latine.

's Werelds eerste commercieel levensvatbare schrijfmachine is ontstaan als een apparaat om pagina's te nummeren. De Amerikaanse krantenuitgever en politicus Latham Sholes was er na ettelijke jaren van zwoegen en zweten eindelijk in geslaagd een dergelijk apparaat te ontwerpen, toen advocaat Carlos Glidden hem op de man af vroeg waarom hij het ding geen letters kon laten schrijven. Sholes nam de uitdaging aan, zwoegde nog vijf jaar verder en leverde in 1872 een bruikbare schrijfmachine af, die een jaar later in productie genomen werd door wapen- en naaimachineproducent Remington. De schrijfmachine was niet meteen een groot succes, maar legde wél de fundering voor de wereldwijde automatisering van kantoorwerk, waarbij men achtereenvolgens overstapte van handgeschreven naar getypte en elektronische documenten. Het QWERTY- toetsenbord, dat Sholes uitdokterde om ervoor te zorgen dat vaak gebruikte toetsen niet met elkaar in botsing zouden komen, is nog altijd de standaard in de meeste landen waar het Latijnse schrift wordt gebruikt.

Bubble wrap

Papier bulle / Noppenfolie

1957

Bubble wrap was originally invented as a new type of wall paper. In 1957, in a garage in New Jersey, the American engineer Al Fielding and Swiss inventor Marc Chavannes tried to create a wall covering with easy-to-hang paper at the back and easy-to-clean relief plastic on the front. The results were flexible plastic sheets with bubbles which weren't exactly aesthetically pleasing but rather practical: they were ideal as wrapping material. Bubble wrap was commercialized in 1960 by Sealed Air Corporation as a means of protection for fragile objects. Everywhere, people still use bubble wrap as a wrapping material and enjoy popping bubbles as a source of amusement.

Le *bubbleplastic*, ou papier bulle, fut à l'origine imaginé comme un nouveau type de papier peint. En 1957, l'ingénieur américain Al Fielding et l'inventeur suisse Marc Chavannes tentaient en effet dans un garage du New Jersey de trouver un papier de recouvrement dont la surface arrière s'appliquerait aisément et dont la face avant serait pourvue d'un relief plastifié facile à entretenir. Il résulta des recherches une feuille en plastique souple, agrémentée de bulles mais en réalité peu esthétique : elle s'imposa aussitôt comme une surface d'emballage idéale. Introduit sur le marché en 1960 par la Sealed Air Corporation, le papier bulle fut d'abord employé pour protéger les objets fragiles lors de leurs déplacements. De nos jours, matériau d'emballage toujours aussi fonctionnel, il fait également le plaisir de tous par ses petites bulles si plaisantes à faire éclater.

Bubbelplastic (of noppenfolie, zoals dat in deftig Nederlands heet) werd uitgevonden als een nieuwe soort behangpapier. De Amerikaanse ingenieur Al Fielding en de Zwitserse uitvinder Marc Chavannes gingen in 1957 in een garage in New Jersey op zoek naar een behangetje dat achteraan voorzien was van makkelijk aan te brengen papier en vooraan uitgerust was met moeiteloos schoon te houden reliëfplastic. De resulterende flexibele plastic vellen met bubbels waren echter niet zozeer mooi als wel praktisch: ze vormden ideaal verpakkingsmateriaal. Noppenfolie werd in 1960 door de Sealed Air Corporation op de markt gebracht als bescherming voor fragiele objecten. Vandaag wordt bubbelplastic nog altijd wereldwijd gebruikt als verpakkingsmateriaal - en is bubbels 'poppen' een voor velen favoriet tijdverdrijf.

Teflon

Téflon / Teflon

1938

Late 1930, DuPont chemist Roy Plunkett accidentally invented teflon when attempting to make a new coolant. The American used tetrafluoroethylene gas in his experiments which he had produced in large quantities and stored using dry ice. On the morning of 6 April 1938, as he was about to start a new experiment, he noticed that the pressure in the cylinder had dropped. The gas could not have escaped as the weight of the cylinder remained unchanged. Frustrated, he removed the valve, turned the cylinder over and to his astonishment, saw a smooth white powder fall out. The gas had polymerized to a substance that we now know as teflon. A number of years later, during WWII, teflon was used for gaskets and valves in armory. After that, it made its entry into every kitchen in the world as non-stick coating for pans.

Roy Plunkett, chimiste de la société américaine Du Pont de Nemours, cherchait dans les années 1930 à fabriquer un liquide de refroidissement ; il inventa le Téflon. Le scientifique utilisait pour ses expériences du tétrafluoroéthylène (TFE), qu'il avait fabriqué en grande quantité et qu'il conservait sur de l'acide carbonique solidifié. Le matin du 6 avril 1938, voulant commencer un nouvel essai, il remarqua une baisse de pression dans le cylindre. Le gaz, pourtant, n'avait pu s'échapper, le cylindre pesant toujours son poids original. Intrigué, il ôta le couvercle, retourna le cylindre et, à son grand étonnement, vit voltiger une poudre blanche : le gaz s'était polymérisé en une matière que nous connaissons maintenant sous le nom de Téflon. Pendant la Seconde Guerre mondiale, le Téflon fut utilisé pour les joints et les ornements des machines de guerre. Ce n'est qu'ensuite qu'il fit une apparition remarquée en cuisine, pour rendre antiadhésives les poêles et casseroles du monde entier.

DuPont-scheikundige Roy Plunkett zette zich eind jaren 30 aan het fabriceren van een nieuwe koelvloeistof, maar vond in plaats daarvan teflon uit. De Amerikaan gebruikte voor zijn experimenten tetrafluoretheengas (tfe), dat hij in grote hoeveelheden had aangemaakt en op droog ijs bewaarde. Op de morgen van 6 april 1938 wilde hij net aan een nieuwe proef beginnen, toen hij merkte dat de druk in de cilinder was weggevallen. Het gas kon echter niet ontsnapt zijn, want de cilinder woog nog altijd evenveel als in het begin. Gefrustreerd verwijderde hij de klep, keerde de cilinder om en zag er tot zijn verbazing een glad wit poeder uitdwarrelen. Het gas was gepolymeriseerd tot een stof die we nu kennen als teflon. Enkele jaren later, tijdens WOII, werd teflon gebruikt voor pakkingen en kleppen van oorlogstuigen. Daarna veroverde het keukens wereldwijd als antiaanbaklaag voor pannen.

Cellophane

Cellophane / Cellofaan

1908

Cellophane, the transparent wrapping material that is mainly used for food, was accidentally invented by the Swiss textile engineer Jacques Brandenberger. One evening when he was out for dinner, he witnessed a glass of red wine ruining a linen table-cloth and decided that he was going to invent a waterproof and stain free table-cover. When he added a layer of liquid viscose onto a cloth during one of his experiments, it instantly became stiff and breakable. After the experiment, Brandenberger noticed that the layer could be peeled off like a transparent foil. By 1908, he had created a machine that was able to produce sheets of viscose. Cellophane has been produced since the 1930s and is still used to hermetically pack food and in a number of industrial applications.

La cellophane, matériau d'emballage utilisé pour les aliments, fut inventée par accident par l'ingénieur suisse Jacques Brandenberger. Un soir qu'il était au restaurant, il constata qu'un verre de vin rouge renversé pouvait détériorer une nappe en lin et se promit sur le champ d'inventer une nappe imperméable et résistante aux taches. Au cours d'une expérience, étendant sur un tissu une légère couche de viscose liquide, il gâcha le support qui devint immédiatement raide et cassant. Pourtant, il remarqua parallèlement que la matière en surface, devenue une pellicule transparente, pouvait être séparée du tissu. C'est ainsi qu'en 1908, il développa une machine permettant de fabriquer des feuilles de viscose, et qu'à partir de 1930, la cellophane devint un produit de consommation courante, utilisé pour emballer les denrées alimentaires et pour de nombreuses autres applications industrielles.

Cellofaan, het doorzichtige verpakkingsmateriaal dat vooral gebruikt wordt voor etenswaren, werd per ongeluk uitgevonden door de Zwitserse textielingenieur Jacques Brandenberger. Hij was er op een avond op restaurant getuige van hoe een omgevallen glas rode wijn een linnen tafellaken verpestte en nam zich ter plekke voor om een waterdicht en vlekvrij tafelkleed uit te vinden dat hiertegen bestand was. Toen hij tijdens een van zijn experimenten een laagje vloeibare viscose aanbracht op een doek, werd deze prompt stijf en breekbaar. Na het experiment merkte Brandenberger echter dat de laag eraf gepeld kon worden als een doorzichtige folie. Tegen 1908 ontwikkelde hij een machine die vellen viscose kon produceren. Cellofaan wordt sinds de jaren 30 continu geproduceerd en wordt nog altijd gebruikt voor het luchtdicht verpakken van voedingswaren en een aantal industriële toepassingen.

Stainless Steel

1913

Acier inoxydable / Inox

Although many scientists were experimenting with steel alloying in the same period, it is the Briton Harry Brearley who is considered the inventor of stainless steel. While looking for a corrosion-resistant alloy for gun barrels and cannons in 1913, the metallurgist at Brown Firth Laboratories in Sheffield noticed how one of the rejected barrels, in comparison to all others, was not corroded. The alloy consisted of 12.8% chromium and 0.24% carbon, a new magic formula that, after bonding with oxygen, forms an invisible layer of dichromium trioxide which protects the underlying layer of metal against corrosion and repairs itself when damaged. It was not in the least suited for the arms industry but is, nearly 100 years later, still used in the catering, medicine and transport industries.

À une époque où nombre de chercheurs s'intéressaient aux alliages de métaux, le Britannique Harry Brearley inventa l'acier inoxydable. Ce métallurgiste de la Brown Firth Laboratories de Sheffield était, en 1913, à la recherche d'un mélange d'acier résistant à l'érosion pour la fabrication d'armes à feu et de canons. Il remarqua, à l'instar de ses collaborateurs, que le canon d'un des fusils réalisés ne rouillait pas. Il s'avéra après quelques vérifications que l'alliage contenait 12,8% de chrome et 0,24% de carbone : une nouvelle recette qui, au contact de l'air, produisait une miraculeuse couche invisible de trioxyde de dichrome. Cette dernière, outre sa capacité à protéger le métal de la formation de rouille, se restaure d'elle-même lorsqu'elle est endommagée. Cette découverte, particulièrement performante pour l'industrie de l'armement, s'est imposée un siècle plus tard en cuisine, en médecine et dans l'industrie des transports.

Hoewel meerdere onderzoekers in dezelfde periode met experimenten rond staallegeringen bezig waren, wordt de Brit Harry Brearley gezien als de uitvinder van inox. Deze metaalkundige bij Brown Firth Laboratories in Sheffield was in 1913 op zoek naar een erosieresistente staallegering voor de fabricage van vuurwapens en kanonnen, toen hem opviel dat een van de afgekeurde geweerlopen, in tegenstelling tot alle andere, niet verroest was. De legering bleek 12,8% chroom en 0,24% koolstof te bevatten, een nieuw wonderrecept dat na binding met de lucht het onzichtbare laagje dichroomtrioxide vormt, wat het onderliggende metaal beschermt tegen roestvorming en zichzelf herstelt bij beschadiging. Het spul bleek allerminst geschikt voor de wapenindustrie, maar wordt bijna 100 jaar later nog altijd gebruikt in de keuken, de geneeskunde en de vervoersindustrie.

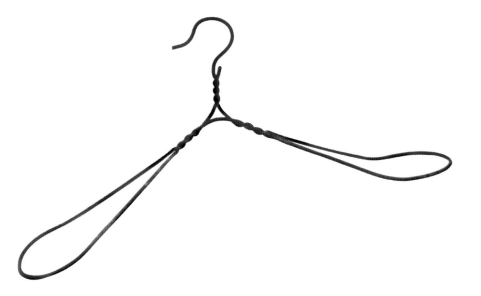

Wire Coat Hanger

1903

Cintre métallique / IJzeren kleerhanger

The wire coat hanger was invented because the Timberlake Wire and Novelty Company, specialized in making frames for lampshades, had a shortage of coat hooks. In 1903, when employee Albert J. Parkhouse arrived late at work one day and all coat hooks had been taken, he instinctively grabbed some wire, bent two large hoops facing each other and turned the ends into a hook. He hung up his coat and got to work. Timberlake thought this was a stroke of genius and took out a patent on the construction. The company made a fortune with the coat hangers whilst Parkhouse was left with nothing.

Le cintre métallique doit son existence à un employé de la Timberlake Wire and Novelty Company, une entreprise spécialisée dans la fabrication des abat-jours. Albert J. Parkhouse, arrivant un jour de 1903 en retard à son poste, ne trouva plus le moindre crochet pour suspendre ses affaires. Poussé par la crainte de se faire rabrouer, il prit alors un fil de fer, le plia pour former deux ovales placés l'un en face de l'autre, puis en tordit les extrémités pour former un crochet. Il y pendit son manteau et reprit son travail. L'entreprise trouva l'idée si ingénieuse qu'elle déposa aussitôt un brevet pour sa fabrication. Elle généra bientôt une vraie fortune grâce aux cintres métalliques, laissant le malheureux ouvrier en dehors de l'affaire.

De ijzeren kleerhanger dankt zijn ontstaan aan een chronisch tekort aan kledinghaakjes in de Timberlake Wire en Novelty Company, een bedrijf waar onder meer frames voor lampenkappen werden gemaakt. Toen werknemer Albert J. Parkhouse op een dag in 1903 als laatste op het werk arriveerde en er geen enkel kledinghaakje meer vrij bleek om zijn jas en hoed aan op te hangen, nam hij in een opwelling een stuk ijzerdraad. Hij plooide twee grote rechthoekige, tegenover elkaar staande hoepels en draaide de uiteinden in elkaar tot een haak. Hij hing zijn jas op en ging aan het werk. Timberlake vond dit echter zo'n goed idee, dat het een patent nam op de constructie. Het bedrijf verdiende een fortuin aan de kleerhangers, Parkhouse hield er geen cent aan over.

(5) SUBSTA

SUBSTANCES / MAT

NCES

RIALEN

TNT

1863

TNT / TNT

TNT made its entry into the world as yellow dye. In 1863, the German chemist Joseph Wilbrand was the first one to successfully nitrate toluene into trinitrotoluene. The result was a pretty yellow dye which - aside from its extreme poisonousness - had no flaws. As it could only be ignited using a detonator, it wasn't until 1902 that the destructive power of TNT became known. Today, the substance, which can be safely poured when liquid into shell cases, is still used for military purposes.

Le TNT fit son entrée dans le monde sous la forme d'un colorant jaune. Le chimiste allemand Joseph Wilbrand fut le premier, en 1863, à nitrer le toluène en trinitrotoluène. Il en résulta un joli matériau qui - à l'exception de son extrême virulence - ne semblait pas avoir de défauts particuliers. Comme on ne pouvait le faire exploser sans détonateur, il fallut attendre 1902 pour que sa puissance destructrice soit clairement révélée. Aujourd'hui, pouvant être fondu en toute sécurité et coulé dans des gaines, le TNT est toujours utilisé à des fins militaires.

TNT deed zijn intrede in de wereld als gele kleurstof. De Duitse chemicus Joseph Wilbrand was de eerste die er in 1863 in slaagde tolueen te nitreren tot trinitrotolueen. Het resultaat was een mooie gele kleurstof waar - buiten de extreme giftigheid - niks mis mee was. Doordat het enkel tot ontploffing gebracht kon worden met behulp van een detonator, duurde het nog tot 1902 voor de verwoestende kracht van TNT bekend werd. Vandaag de dag wordt het goedje, dat perfect veilig gesmolten en in omhulsels gegoten kan worden, nog altijd gebruikt voor militaire doeleinden.

Radioactivity

Radioactivité / Radioactiviteit

1856

Radioactivity is not exactly the word you would like to associate with the exclamation 'oops, slight problem', but it's a fact that it was discovered by accident. In 1856, Henri Becquerel was intrigued by the invention of X-rays and wanted to prove that this phenomenon had the same cause as the glow produced by certain salts after exposure to light (fluorescence). This theory was confirmed when, during a first experiment, a clear imprint appeared after he placed a uranium salt crystal in the sun on top of a wrapped photographic plate. However, as the sun had disappeared during subsequent experiments, Becquerel decided to store the mineral sample and the plate in a drawer. When he developed the plate a few days later after all, he noticed to his surprise that it had entirely blackened. It soon became clear that fluorescence had nothing to do with radiation. He had to draw the conclusion that uranium was able to produce a new type of invisible radiation. Becquerel had discovered radioactivity.

La radioactivité n'est pas précisément une notion que l'on aime associer à une erreur, mais il est pourtant vrai qu'elle fut découverte par accident. En 1856, Henri Becquerel était intrigué par la découverte des rayons X et souhaitait démontrer que le phénomène de luminescence avait la même origine que le reflet de certains sels après leur exposition à la lumière. Une première expérience, au cours de laquelle il exposa au soleil un cristal d'uranium placé sur une plaque photographique, confirma cette théorie : la plaque réfléchit clairement la reproduction du cristal. Après quelques essais, le soleil disparut et Becquerel décida de ranger l'ensemble de son matériel, échantillon minéral et plaque, dans un tiroir. Lorsqu'il le récupéra quelques jours plus tard, il vit à sa stupéfaction que la plaque était devenue complètement noire. La fluorescence ne semblait donc pas avoir une quelconque relation avec le rayonnement. Il ne put que conclure qu'il s'agissait ici d'un nouveau rayonnement invisible, émis par l'uranium. Becquerel avait découvert la radioactivité.

Radioactiviteit is niet bepaald een begrip dat je graag hoort gebruiken in combinatie met de woorden 'oeps, foutje', maar het is een feit dat het per ongeluk uitgevonden werd. Henri Becquerel was in 1856 geïntrigeerd door de ontdekking van röntgenstralen en wilde graag kunnen aantonen dat dit verschijnsel dezelfde oorzaak had als de gloed die bepaalde zouten vertonen na blootstelling aan het licht (fluorescentie). Een eerste experiment waarbij hij een kristal uraniumzout bovenop een ingepakte fotografische plaat in de zon legde, bevestigde deze theorie toen er een duidelijke afdruk op de plaat verscheen. Al na enkele proeven echter, verdween de zon achter de wolken en besloot Becquerel het mineraalmonster samen met de plaat in een lade op te bergen. Toen hij deze enkele dagen later toch ontwikkelde, zag hij tot zijn verbazing dat ze helemaal zwart geworden was. Fluorescentie bleek dus helemaal niks te maken te hebben met de straling. Hij kon niet anders dan concluderen dat hij te maken had met een nieuwe soort onzichtbare straling die het uranium uitzond. Becquerel had de radioactiviteit ontdekt.

"I didn't plan to make the Cube."

Erno Rubik, inventor of
the Rubik's Cube in 1974

Vulcanised Rubber

Caoutchouc vulcanisé / Gevulkaniseerd rubber

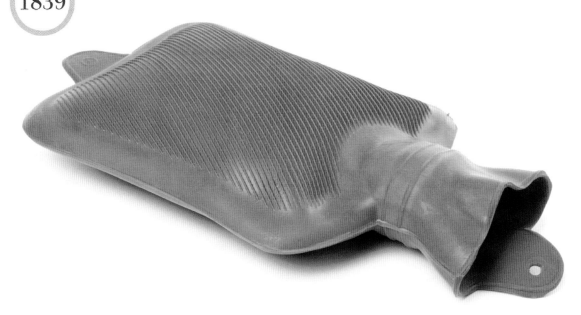

Rubber was an exciting but equally difficult substance when it was first introduced in 1736 in France: the potential was enormous but it became sticky when hot, rock hard when cold, stunk like a polecat and decomposed quickly. It was Charles Goodyear from Ohio who, in 1839, discovered vulcanization due to his own clumsiness. For eight fruitless years, he had been researching methods to make the material more manageable when he accidentally spilt a mixture of rubber and sulfur on a hot stove. The material melted but kept its elasticity, became stronger and far less sticky. His discovery of the vulcanisation process did not only lead to the use of rubber tires in the car industry but also to the invention of a number of other rubber products.

Lorsqu'il fut introduit en France en 1736, le caoutchouc posait grand nombre de difficultés malgré un important potentiel. Visqueux lorsque soumis à de hautes températures, il devenait, à froid, dur comme la pierre. De plus, son odeur était souvent désagréable et il pourrissait vite. Ce fut l'Américain Charles Goodyear qui découvrit la vulcanisation en 1839. Ce dernier, après huit années de recherches pour rendre ce matériau fonctionnel, répandit un mélange de caoutchouc et de soufre sur un fourneau brûlant. La matière se coagula mais, à sa grande surprise, demeura souple, gagnant tant en résistance qu'en consistance. Sa découverte de la vulcanisation mena à l'utilisation du pneu en caoutchouc dans l'industrie et permit, en outre, le développement de nombreux autres produits à base de caoutchouc.

Rubber was zowel een opwindend als een lastig goedje toen het in 1736 in Frankrijk geïntroduceerd werd: het had enorm veel potentieel, maar werd plakkerig als het warm was en keihard als het koud was, stonk bovendien als de pest en verrotte snel. Het was Charles Goodyear uit Ohio die in 1839 het vulkaniseren uit pure onhandigheid ontdekte. Hij was al ruim acht jaren vruchteloos op zoek naar een methode om het goedje handelbaar te maken toen hij een mengsel van rubber en zwavel morste op een hete kachel. Het materiaal stolde, maar bleef soepel, werd sterker en een stuk minder kleverig. Zijn ontdek-king van het vulkanisatieproces leidde niet alleen tot het gebruik van rubberbanden in de auto-industrie, maar ook tot de uitvinding van tal van andere rubberen producten.

Scotchgard

Spray imperméabilisant / Waterafstotende spray

Patsy Sherman is the first to admit that inventions can result from silly incidents. The 3M scientist was one of only a few women in her field when in 1952 she was teamed up with colleague Sam Smith, to search for a new type of rubber for the fuel pipes of fighter planes. One day, she dropped a bottle of her own-made synthetic latex next to one of her assistant's white fabric tennis shoes. To her astonishment, the substance did not change the look of the material; however, it was impossible to remove it. Moreover, the material had become waterproof and stain-free. In 1956, the water and stain repellent spray hit the market. As the spray could be used on more than just clothing and shoes, for example carpets and upholstery materials, a total of 20 different labels were developed. Today, 3M's Scotchgard is still the world's market leader in fabric protection.

Patsy Sherman pourrait témoigner du fait que les plus importantes découvertes découlent parfois d'actes insignifiants. Connue pour être à cette époque l'une des rares chercheuses de la firme 3M, elle fut affectée en 1952, avec son collègue Sam Smith, à la recherche d'une nouvelle forme de caoutchouc susceptible de convenir aux conduites de carburant des avions de chasse. Lorsqu'un jour, un flacon de latex synthétique qu'elle avait fabriqué se fracassa à quelques centimètres des baskets blanches d'un assistant, elle remarqua que la tache obtenue s'avérait non seulement impossible à faire disparaître, mais qu'elle n'avait aussi en rien affecté la matière de la chaussure. Plus encore, il semblait que le tissu était devenu soudainement imperméable et insalissable. C'est ainsi que quatre ans plus tard, le spray imperméabilisant Scotchgard apparut sur le marché américain. Applicable bien au-delà de l'industrie textile, cette découverte fut depuis appliquée pour le développement d'une vingtaine de marques différentes.

Patsy Sherman is de eerste om toe te geven dat uitvindingen het gevolg kunnen zijn van banale gebeurtenissen. Deze 3M-researcher was één van een handvol vrouwen in het vak toen ze in 1952 met collega Sam Smith ingezet werd in de zoektocht naar een nieuwe soort rubber voor brandstofleidingen van jachtvliegtuigen. Op een dag viel een door haar gefabriceerde fles synthetische latex kapot vlakbij de witte stoffen tennisschoen van een van de assistenten. Tot haar grote verbazing veranderde het goedje het uitzicht van de stof niet, maar bleek de vlek onmogelijk te verwijderen en was de stof plots waterdicht en vlekvrij geworden. In 1956 werd de waterafstotende anti-vlekkenspray Scotchgard op de markt gebracht. Omdat deze niet alleen toepasbaar is op kleding en schoeisel, maar onder meer ook op vloerbedekking en meubelstoffen, werden in totaal 20 verschillende labels ontwikkeld. Wereldwijd is 3M met Scotchgard nog altijd een van de marktleiders op het gebied van vezelbescherming.

Synthetic Dyes

Fibres synthétiques / Synthetische kleurstof

1856

18 year old student William Perkin managed to turn the textile industry upside down when he invented the world's first synthetic dye during a failed experiment. Before his discovery, dyes came from nature, were rare, expensive and hardly wash resistant. Initially, Perkin had no interest in the matter as, encouraged by his teacher at the London Royal College of Chemistry, he was trying to invent a synthetic form of the medicine quinine. After one of his experiments had failed again during Easter break in 1856, he was left with a reaction flask full of black slush. As he started to clean everything up using alcohol, he noticed that the slush dissolved and the alcohol turned purple. In all his excitement, he soaked a cloth in the substance and gaped at the intense purple color a few minutes later. He left school, patented mauveine, started up a company and was wealthy by the age of 21. His discovery was the onset for the invention of thousands of other dyes.

À seulement 18 ans, William Perkin parvint à bouleverser l'industrie textile en inventant la toute première couleur synthétique. Jusqu'à cette découverte, seules des teintures naturelles - rares, chères et peu résistantes à l'eau - étaient utilisées. Pourtant, cette question n'intéressait guère le jeune Perkin, qui cherchait simplement à mettre à jour, à la demande d'un professeur du *Royal College of Chemistry* de Londres, une configuration synthétique de la quinine. Lorsque l'une de ses expériences échoua en 1856, au cours des vacances de Pâques, il ne lui restait qu'une cornue pleine d'une boue noirâtre. Commençant à nettoyer son atelier à l'aide d'alcool, il remarqua une dissolution de la boue et une coloration mauve de l'alcool. Il imprégna aussitôt une étoffe du mélange et fut bientôt ébloui par l'intensité de la couleur obtenue. Abandonnant aussitôt ses études, il déposa un brevet pour la mauvéine et en entama la fabrication. Son heureuse découverte fut le point de départ de l'invention de milliers d'autres colorants.

De 18-jarige student William Perkin slaagde er met één mislukte proef in om de textielnijverheid op zijn kop te zetten door 's werelds eerste synthetische kleurstof uit te vinden. Vóór zijn ontdekking waren kleurstoffen afkomstig uit de natuur, schaars, duur en nauwelijks wasbestendig. Maar daar was Perkin aanvankelijk helemaal niet in geïnteresseerd, aangezien hij op aanmoediging van zijn leraar aan het Londense Royal College of Chemistry een synthetische vorm van het geneesmiddel kinine probeerde uit te vinden. Toen een van zijn proeven tijdens de paasvakantie van 1856 alweer mislukte, bleef hij zitten met een reactiekolf vol zwarte blubber. Hij begon net alles weer schoon te maken met alcohol, toen hij merkte dat de blubber oploste en de alcohol paars kleurde. In een opwelling doordrenkte hij een stuk stof met het goedje en vergaapte zich even later aan de felle paarse kleur. Hij sloeg de schooldeuren achter zich dicht, vroeg een patent aan voor mauveïne, startte een fabriek en was schatrijk op zijn 21ste. Zijn ontdekking gaf de aanzet voor de uitvinding van duizenden andere kleurstoffen.

Dynamite

1866

Dynamite / Dynamiet

Nitroglycerin is not a substance to play with. Alfred Nobel had come to that conclusion in 1864 when his younger brother Emil had died in an explosion during one of their experiments. Two years later, the Swedish chemist had a breakthrough when trying to stabilize this liquid explosive when he... spilt a few drops on the floor. Luckily for him, no real damage was done and he found out that the absorbance by porous materials dramatically decreases the sensitivity of the liquid. The result he called dynamite. A few years after Nobel's discovery, dynamite was the most used explosive in the world and used for building of railways, harbors, bridges, roads, mines and tunnels.

La nitroglycérine ne se manipule pas à la légère. Alfred Nobel le savait bien, lui dont le jeune frère Emil avait perdu la vie en 1864 à la suite d'une expérience sur cette substance. Deux années plus tard, le chimiste suédois, bien décidé à rendre cette matière instable plus sûre, prit un tournant inopiné dans sa recherche. Il laissa un jour s'échapper quelques gouttes de nitroglycérine qui tombèrent sur un crapaud, et constata avec bonheur que la réception de cette matière par des surfaces poreuses en réduisait considérablement l'excitabilité. Baptisé dynamite, ce matériau devint bientôt l'explosif le plus utilisé au monde, notamment pour l'aménagement de chemins de fer, de ports, de ponts, de routes, de mines et de tunnels.

Nitroglycerine is geen goedje waar je ongestraft onvoorzichtig mee omspringt. Dat had Alfred Nobel al gemerkt toen zijn jongere broer Emil in 1864 tijdens een van hun experimenten omkwam bij een explosie. En toch bereikte de Zweedse chemicus twee jaar later pas een doorbraak in zijn zoektocht naar een manier om de instabiele springvloeistof veiliger te maken toen hij… er een paar druppels van op de grond liet vallen. Gelukkig voor hem liep het op een sisser af én kwam hij er op die manier achter dat opname door poreuze grondstoffen de gevoeligheid van het spul zwaar verminderde. De resulterende stof noemde hij dynamiet. Binnen enkele jaren na Nobels ontdekking was dynamiet het meest gebruikte explosief ter wereld en werd het aangewend bij de aanleg van spoorwegen, havens, bruggen, wegen, mijnen en tunnels.

165

"Everything that can be invented, has been invented."

Charles H. Duell, the Commissioner of the US. Patent Office, in 1899 when he disclosed he wanted to close down the patent office.

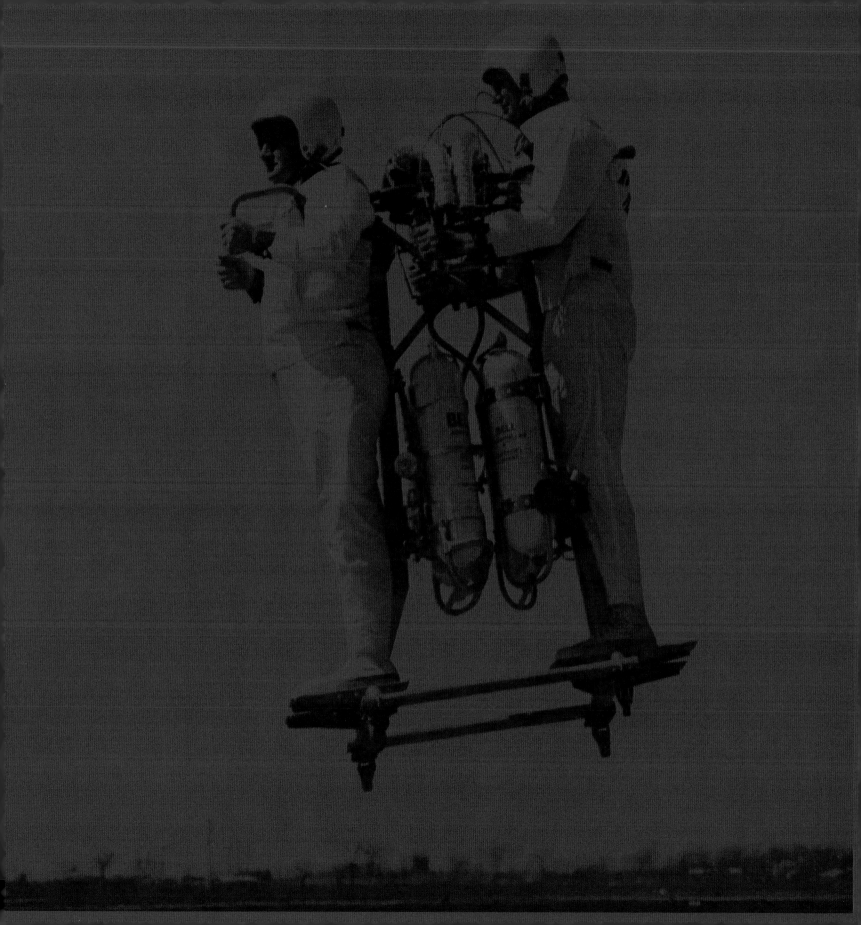

QUOTES FRENCH

QUOTES DUTCH